Die Baugeschichte hat uns Menschen das gesamte Wissen für ein gesundes und lange funktionierendes Haus-Bauen hinterlassen!
Wir Bauplaner und Handwerker haben die hundertprozentige Pflicht, dass wir diese bewährten Bautechniken bewahren, verbessern und weiter entwickeln!
Erst wenn nachweislich über eine lange Erprobungsphase bessere Bautechniken sich als theoretisch und praktisch sinnvoll erweisen, können diese die Jahrtausende alte Baugeschichte mit fortschreiben!
Christoph Jaskulski 11/2020

Herbst 2022! Unser Haus und Heizung steht am Wendepunkt! Genauso wie Menschheit in ihrer Menschheitsgeschichte wiedermal am Wendepunkt steht. Vier Bücher pflastern mittlerweile meinen Weg, in denen ich meine Wut und noch viel mehr meinen grenzenlosen Optimismus verbreite. Seit 16 Jahren studiere ich das Bauen, unser Haus und suche Gründe und Auswege aus der traurigen Haus-Bau-Situation!
Geh weiter, sagte immer wieder meine Liebe. Gehen wir im wahrhaftigen Gottesglauben weiter, bekommen wir automatisch Geschenke, welche größer sind als jeder Goldbatzen.
Das Erifol®-System ist menschlich, genau wie die Menschen, welche es erfanden und seit über 10 Jahren aus den Kinderschuhen bringen. Diese Menschen sind der heutige Garant, auf dem Weg zum 100% Haus, durch 100% Konstruktion und 100% Heizen.
Christoph Jaskulski 11/2022

100% Haus
für die Menschen

Christoph Jaskulski

Unsere 100%Haus-Meisterschaft

für die Menschen!

Impressum:
Bibliografische Information der Deutschen Nationalbibliothek:
Die Deutsche Nationalbibliothek verzeichnet diese Publikation in der Deutschen
Nationalbibliografie; detaillierte bibliografische Daten sind im Internet über http:// dnb.dnb.de abrufbar.

© 2023 Christoph Jaskulski

Herstellung und Verlag: BoD – Books on Demand, Norderstedt

ISBN: 978-3-7347-05793

Inhalt:

**Im Jahr 2020!
Der Zeitpunkt ist gekommen!**

**Wenn sich die studierten Architekten und Bauin-
genieure, die selbsternannten Bauphysiker, die
Baufirmen, die Industrie und die Politik nicht der
sicheren 100-prozentigen Lächerlichkeit preisge-
ben wollen, dann ist es Zeit, dass sie das Bauen
theoretisch und praktisch verstehen und
grundlegend zu verändern!
In dieser Anklage steckte noch 2020 mein geball-
tes Ego!
Weder wurde verstanden, noch etwas verändern
für die Menschen!
Seit über 100 Jahren gibt es eine gesellschaftliche Entwicklung im deutschen Lande, welche
nichts anderes hervorbringen konnte.
Meine Meisterschaft von 2020 bekommt jetzt einen ganz neuen Anstrich. Damals schrieb ich sie
allein! Nun habe ich eine Hand voll wunderbarer
Menschen um mich. Daraus steht
UNSERE
100% Haus-Meisterschaft!
denn die Mannschaft welche sich wirklich zu 100
% um die Hausbedürfnisse des Menschen küm-
mert, wird immer größer!
Dieses Buch ist ausschließlich für den Bauherrn
und Kunden, damit er sein 100 % Haus versteht,
einfordern kann und seine Unterschrift unter den
Vertrag zu 100 % bedient wird.**

Über das Buch:

Es ist mein 5. Buch welches ich auf den Weg bringe.

Leider hat sich auch in den letzten beiden Jahren für die Bauherrn ob bei Neu- oder Altbau nicht viel geändert.

Menschen bestimmen und treiben mich immer mehr in eine Qualität des Buches, welche sich komplett zur 1.Ausgabe ändern wird.

Die Erifol®-Menschen spielen dabei die Hauptrolle, neben meiner Lieben, welche mich schon durch 3 Bücher trägt.

Meine vier geschriebenen Bücher wurden von meinem Ego bestimmt. Ich schrieb sie allein, mit viel Wut, Selbstbewusstsein und Courage! Meine subjektive Wahrheit über die Jahrzehnte lange sich negativ für den Menschen entwickelnde Haus-Bau-Situation!

Eigentlich ist das Buch, heute Mitte November 2022 so gut wie geschrieben.

Wieder begegne ich einem Menschen, was kein Zufall ist. Denn wir sind uns schnell einer Meinung. Was uns im Weg steht, ist immer unser Ego und Ich, welche wir ganz liebevoll bearbeiten dürfen.

Welche Rolle spielt ein Physiker, welcher für sich den egofreien Weg wählt! Er hat mich angesteckt, mein Ego beim Schreiben diesen Buches immer zu hinterfragen!

Deswegen wird dieses Buch, so hoffe ich einen neuen Anstrich bekommen!

Durch das Erifol®-System, welches sogar gefördert wird, geht nun alles viel leichter.

Über den Autor:

Ich lernte das Bauhandwerk von der Pike auf kennen und ich bin seit über 43 Jahren auf dem Bau tätig.

In den letzten 16 Jahren befasse ich mich umfassend mit dem heutigen Bauen, welchen für die Menschen sicht- und fühlbar kaum funktioniert.

2019 entstand beim Schreiben meines 2.Buches mein 100% Haus-Denken. Diese 100 Prozent werden immer wichtiger. Der Haus- und Umbau ist ein Milliardengeschäft. Wenn 10 Prozent fehlen, zahlt der Mensch drauf und Folgekosten zerren an seinem Vermögen.

Ende 2021 beendete ich meine negative Haltung zur "kalten und unnatürlichen" ERIFOL®-Folie. Ich fing an, die Physik der Erifolmenschen zu verstehen und liebe sie mittlerweile.

Mit dem Wissen von heute, ist der 100% Weg geebnet. Ich lasse mich daran messen!

Widmung:
Zuerst widme ich dieses Buch meinem geliebten Coach Angelas! Sie hat alle meine Hemmungen abgebaut!
Außerdem widme ich dieses Buch all den Charakter-Menschen, die mir in den vergangenen 43 Jahren das Bauen theoretisch und praktisch beigebracht haben.

Danke dem Praktiker Klaus Fischer, durch den ich das Kalkputzen perfektionieren konnte;
Konrad Fischer, dem größten streitbaren Baukritiker der letzten Jahrzehnte;
Prof. Claus Meier, dem echten Wissenschaftler und Bauphysiker;
den Erifol®-Menschen und meinen Kunden, welche mich forderten!
Zudem danke ich allen anderen Menschen der Baugeschichte und allen, die mir sonst noch geholfen haben.

Klarstellung
Alle in diesem Buch enthaltenen Angaben, Daten, Ergebnisse, Bilder und Empfehlungen, wurden vom Autor nach bestem Wissen und Gewissen erstellt.

Inhaltliche Fehler sind nicht vollständig auszuschließen. Dementsprechend übernimmt der Autor keinerlei Verantwortung und Haftung für etwaige Unrichtigkeiten.

Jedes Haus ist einmalig und beansprucht die gesonderte Behandlung, Beratung, Planung und Ausführung!

Vorwort

Wahrheit finden?

Mein Ego, unser Ego verhindert den klaren Blick auf die Wahrheit. Habe ich die Wahrheit gefunden, dann steht mir mein Ego im Wege, dass ich die Wahrheit für die Menschen so aufbereite, damit sie sich mit der neuen Wahrheit befassen.
Es gibt eine stetige Entwicklung zweier Wahrheiten, wenn es um das den Haus- oder Umbau geht!
Die eine Wahrheit, ist in den letzten Jahrzehnten immer mehr sicht- und fühlbar geworden. Das verordnete U-Wert-Dämm-Haus-Bauen von heute zeigt die wahre Bauphysik der Industrie und Politik. Es war auch meine Wahrheit, als ich in den Westen zog und einen kleinen Anbau meines Hauses mit dem Wärmedämmverbundsystem dämmte. Allerdings nur 10 cm dick. Die Wahrheit nahm schnell einen Schaden. Veralgungen und Risse zeigten sich nach wenigen Jahren und das Klima im Büro und Bad ließ zu wünschen übrig.
Damals wusste ich nicht, dass es im Westen auch eine andere Entwicklung gab. Es gab Menschen, welche auf der Basis einer anderen Bauphysik unterwegs waren. Hinter dem U-Wert kam noch ein Wort hinzu und hieß "effektiv". Um den U-Wert effektiv zu rechnen, bedarf es einem viel höheren Rechenbedarf, als beim einfachen Ausrechnen des U-Wertes einer Wandkonstruktion.
Ganz schnell begriff ich, dass meine erste Wahrheit, **keine Wahrheit** ist. Basta!
Ich war Ende 30 als ich feststellte, dass ich Tausende Euro ausgab, wo nur Schäden entstanden!
Ich als Wahrheitssuchender ging der **Wahrheit** auf den Grund und war ständiger Gast in der Uni-Bibliothek in Hannover!
Ein großes Fachbuch fiel mir in die Hände, wo Tabellen enthalten sind über Fassadentechniken- oder Konstruktionen. Da wurden die Instandsetzungsintervalle- und Kosten in den nächsten 80 Jahren aufgestellt. **Ein Verblendmauerwerk benötigt demnach 284,73 €/qm und ein Wärmedämmverbundsystem 1314,05 €/qm.**
Das sind über **460 % höhere Kosten** mit der **U-Wert-Wahrheit, welche die heutige Wahrheit mehr kostet, gegenüber der U-Wert effektiv-Wahrheit!**
Wie geht man damit um? Das war 2006!

Seitdem habe ich mit meinen Büchern und Beratungen viele Menschen erreicht. Noch vor 2 Jahren, als ich die 1.Auflage des 100% Hausbuches herausbrachte, war noch viel Wut in meinen Worten. Niemand konnte mir die 100% Heizung- oder Temperierung erklären oder liefern.
Ich habe längst verstanden, dass weder die Handwerkskammern oder Universitäten ihre **U-Wert-Wahrheit** hinterfragen.
Durch die negative Erfahrung, welche ich mit meinem gedämmten Anbau erlebte, fühle ich mich von den U-Wert-Experten betrogen.
Tausenden Menschen geht es in dem deutschen Lande genauso. Sie mussten erst durch die Erfahrungen gehen, bis sie ihr Vertrauen in die Baufirmen aufgaben und genauer hinschauten.
Die Wahrheit ist etwas sehr schönes, sie kann uns auch in die Pleite führen, welche wir falschen Wahrheitsmenschen folgen!

Bleiben wir weiter auf dem Weg und suchen die nichtwiderlegbare Wahrheit, gehen irgendwann ganz andere Lichter an.
Das Licht heißt **Erifol®-System**. Ein Erifollicht, Names Volker Hinz, kaufte mein Buch und brachte Licht in mein Physikdunkel!
Es dauerte ein Jahr, bis ich meine Wahrheit aufgab und mit der wahren Physik hingab.
Der 100% Hausmaßstab wird immer wichtiger.
Ein Verkaufsmensch ist mit Systemen ähnlich unterwegs, wie die Erifol®-Experten. Er verkauft und erklärt mir seine viel bessere Physik, welcher ich nicht folgen kann. Für mich sind haarsträubende Fehler enthalten. Mein Wissen über die wahren Vorgänge von Strahlung und Konvektion und wie sie entsteht, ist ein anderes.
Als ich von den über erfolgreich realisierten 100 Objekten mit dem Erifol®-System sprach, kam von ihm eine weitreichende **Wahrheit** ans Licht. Der Mensch realisiert 100 Objekte in einem Jahr, deswegen ist seine **Physikwahrheit** viel besser.
Für mich es der Ansporn, meine Erifol®-Experten solange zu löchern, bis ich das heute mögliche 100% Haus physikalisch verstanden habe und auch praktisch für Jedermann erreichbar ist.

Kapitel I: 100%-Haus-Ist-Situation-Analyse

Text 1: Mein Weg zum 100% Haus-Denken

Wenn Sie ein 100%-Leben erreichen wollen, dann müssen Sie sich mit Ihrem objektiven Geist intuitiv zu 100 Prozent darum kümmern. Wollen Sie die beste Gesundheit und die besten Nahrungsmittel, dann müssen Sie offen sein und sich allumfänglich zu **100% informieren.**
Beim Bauen ist es genauso!
Sie entscheiden als Bauherr und Kunde, wie sich das Bauen weiter dämmwickelt oder wieder entwickelt!

Sie unterschreiben den Auftrag für ein Passivhaus oder eine Dämmkonstruktion und können später niemanden dafür verantwortlich machen, wenn etwas schief geht. Denn die kritische Bauszene hat es immer gegeben!
Wenn Sie ein Glückspilz sind, dann kennen Sie jemanden wie die Erifolmenschen oder mich, welche das 100%-Hausdenken anstrebten!

Die Schonfrist ist um, liebe Architekten, Baufirmen, Industrie und Politik! Nun wird in dieser 2.Auflage das 100%Bauen und die Physik so erklärt, dass Jedermann oder -Frau es so versteht, dass alle Wünsche erfüllt werden. Jeder Baustudent kann das Buch geben, damit er es dem Professor um die "Ohren" haut!
Die Dämmdicken werden heute eher noch dicker, statt dass das Bauen auf den Prüfstand gestellt wird. Nach meinem zweiten Buch habe ich schnell verstanden, dass niemand mehr die Dämmlüge lesen möchte. Die 100%-Lösungen müssen her.

Menschen suchen Lösungen für ihre Bauprobleme. Das war aber nicht der Sinn des ersten 100% Haus-Buches! Sondern es zeigt den Weg auf, wie wir Menschen zum 100% Haus kommen können! Wenn Sie ein gesundes und natürliches Haus wollen, was selbstverständlich ist, dann müssen Sie Stand heute 2022 fast alles selbst machen.

Sie müssen wissen, worauf es bei Ihrem Hausbau ankommt. Sie wissen dann, dass das einschalige 36,5 cm dicke Mauerwerk mit

beidseitigem Kalkputz und die Temperierung die Grundlage zur 100%-Haus-Lösung ist!
Der Weg zum Bauamt wird nicht einfach, schrieb ich 2020! Entweder die Beamten wissen immer noch von nichts oder lehnen die Frage nach der Befreiung gemäß § 25 der EnEV ab! Bleiben Sie standhaft, dann bekommen Sie eventuell ein 100%-Haus. Das war 2020, und hat sich heute mit dem ERIFOL®-System komplett geändert!

Für das ERIFOL®-System reichen auch die Außenwanddicken von ca. 30 cm, welche viele gebaute Häuser aus den Nachkriegsjahren aufweisen. Wichtig ist, ob die Statik noch funktioniert. Risse können durch fehlerhafte Fundamente oder auch durch eine stark befahrene Straße mit LKW-Verkehr sein.

Sie als Bauherr und Kunde, bekommen wenn Sie Glück haben, heute gerade mal ein Haus zum Einziehen. Vor 2 Jahren wurden Häuser überwiegend noch fertig. Heute hat sich mit den Lieferengpässen, den steigenden Preisen und Zinsen und dem Handwerkermangel alles nochmal gegen den Kunden entwickelt.

Dieses Buch besitzt eine große Beweiskette, aufgrund von Fachbüchern, die das heutige Bauen ernsthaft in Frage stellt. Es sind für viele Menschen, unbekannte Charaktermenschen, welche das alte funktionierende Bauen am Leben gehalten haben. Denen errichte ich als Maurermeister ein **Denkmal!**
Denn ohne ihnen hätte ich die Grundlagen für das Haus und Heizen, wohl kaum erhalten.
Es sind herausragende Menschen, welche die Menschheit braucht, damit sie weiter wachsen kann. Für die meisten Menschen ist es unvorstellbar, was mit dem heutigen Bauen geschehen ist und was passiert, wenn keine Änderung eintritt! Scheinbar gibt es kein Entrinnen mehr. Nach dem bedauerlichen Ableben von Baukritikern, wie Prof. Claus Meier 2015 und Dipl.-Ing. Konrad Fischer 2018 mit nur 62 Jahren, wollte ich selbst fast aufgeben. Bei Konrad Fischers Beerdigung sprach ich als einziger Baumensch in der Kirche und versprach ihm, dass ich den Weg weiter gehe! Allerdings blieben die offenen Fragen unbeantwortet.

Ich allein gegen die Dämmbillionen!? Wie soll das gehen?
Drei Monate später lernte ich einen noch recht jungen Architekten
kennen, der in der gleichen Richtung unterwegs ist wie ich.

Dieses „Allein" habe ich jetzt wieder in Verbindung mit der „Temperierung" von Henning Großeschmidt gelesen! Es sind alles Einzel-
kämpfer unterwegs. Manche, wie Henning Großeschmidt stellen
sich auf einen Sockel, anstatt mit anderen Einzelkämpfern eine
Gemeinschaft zu bilden, so wie ich es jetzt mit dem Architekten
Sven Georgi (8) und den Erifol®-Menschen erleben darf. Sven Georgi nimmt seine Architektenkollegen aufs Korn, genauso wie der
Architekt Paul Bossert aus der Schweiz.

Es gibt sehr wenige Menschen im Baubereich, die sich in den letzten Jahrzehnten aufgemacht haben, um uns Menschen Schriften
zu hinterlassen, die uns zum Nachdenken, Mitdenken und Umdenken bringen.

Die für alle Menschen zugänglichen Schriften von Dipl.-Ing. Friedrich Eichler 1964 und 1975, von dem Schweizer Architekten Paul
Bossert oder dem Professor Claus Meier, sind hervorragende
Grundlagen, das Bauen theoretisch zu hinterfragen und dann praktisch in die Realität umzusetzen.

Wenn ich als überwiegend praktisch veranlagter Maurermeister die
Schriften und Erfahrungen des vorgenannten Professors, der Ingenieure und Praktiker verstehe und nachvollziehen kann, dann haben es alle anderen Professoren und Ingenieure objektiv, sachlich,
neutral und unabhängig, zumindest zu überprüfen!

Mein Vater wollte das ich „Gas-Wasser-Scheiße" werde, also
„Klempner". Mein Zensurendurchschnitt von 2,7 reichte dafür nicht,
1,3 wurden verlangt. Ich zog weiter und habe mich für den Bau
entschieden. Jetzt im Nachhinein war es eine bessere Entscheidung! Es entwickelte sich zu meiner Lebensaufgabe, dass ich das
Haus aus der Adlerperspektive erleben, überprüfen und menschlich
beschreiben darf. So kann ich heute alles wichtige für das Haus,
mit der besten Heizung in dieser neuen Auflage verändern und auf-
zeichnen.

Ich danke deshalb ganz besonders meinem Lehrmeister, der mir vor 40 Jahren mit seinen Händen das Bauhandwerk zeigte. Seine Leichtigkeit beim Mauern und Putzen faszinierten mich!

Danke dem kleinen Arno, in meiner ersten Brigade in Dresden, der mir viele Kniffe zeigte und beibrachte. Er war klein und dann musste ich (Langer) ran. Zum Beispiel wenn zwischen der letzten Steinreihe einer gemauerten Wand und der Decke noch ein Schlitz von ca. 1-2 cm zu schließen war. Er zeigte mir wie der Mörtel verkehrtherum über Kopf auf der Kelle kleben blieb und ich damit genug Zeit hatte, die Kelle in den Spalt zu führen, um dann in aller Ruhe und sehr schnell den Schlitz zu schließen!
Danke, dass ich beim damaligen VEB Bau Dresden, mit nur 23 Jahren schon die Chance bekam, 14 und 16 Jahre jungen Bengeln, das Handwerk zu lehren.

Durch den Industriemeister war ich dann Lehrmeister und reiste vor 30 Jahren in den Westen aus! Im Hildesheimer Raum konnte ich mir sofort aus vier Angeboten eine Stelle aussuchen. Mein damaliger Chef forderte mich ordentlich und so stieg ich sehr schnell vom Spezialbaufacharbeiter zum Bauleiter auf.
Ich wollte mehr, machte mich selbständig, bekam im Jahr 2000 meinen Maurermeisterbrief und wurde 2006 freier und unabhängiger Sachverständiger.

Ich schreibe hier meine Erfahrungen auf, die ich durch 43 Jahre Praxis und 16 Jahre intensivstes Baustudium erlangt habe. Es soll ein Anstoß sein, den Weg zum 100% -Haus zu gehen. Besser heißt es, alles Wissen zu sammeln und Schritte zurückgehen. Denn es ist alles da, was wir Mitteleuropäer für ein gesundes Haus benötigen. Wir Handwerker sind Schöpfer. Jeder Handwerker auf seine Weise. Es wird höchste Zeit, dass wir wieder Schöpfer werden dürfen.
Der Dämmbaustil hat wenig mit Wertschöpfung zu tun! Das Buch soll Ansporn sein, dass der Kunde wieder König wird. Die Bauphysik mit ihren Bauphysikern hat ausgedient. Es sind physikalische Vorgänge in unseren Häusern, welche es zu verstehen gibt. Viele physikalische Vorgänge aus unserem täglichen Leben, welche hier erklärt werden, mögen unser Wissen und Verständnis für das 100%Haus erleichtern.

Text 2: Der letzte Anstoss für das Buch schreiben!

Die Heidelberger Passivhausgeschichte!
Wie lebt es sich in einem Passivhaus?
100% Wohlfühlen?
Zehnprozentbauen oder noch weniger?
Die große millionenteure Geschichte spielt sich in der größten Passivhaussiedlung der Welt ab. Diese Siedlung steht in Heidelberg. Ich habe mir die Geschichte bei Youtube angeschaut: „Wie lebt es sich in einem Passivhaus? - Gut zu wissen."(9) Jeder kann sich die Geschichte anschauen und sich selbst ein Bild machen, ob Familien mit ihren Kindern so etwas zugemutet werden kann!
Heute 2022, 2 Jahre später ist dieses Video immer noch sichtbar und es finden sich weiter tausende Menschen jährlich, welche diese Passivhaus-Dämm-Lüftung-Erfahrungen machen wollen!

Gemalt: Jaskulski - Siedlung mit Passivhauskisten ohne Wert

Eine Frau öffnet dem Reporter die Wohnungstür und läßt ihn herein. Sie ruft ihre Tochter. Ihr Mann sitzt am Tisch und grüßt sichtlich desinteressiert und zurückhaltend.

Die Frau sagt, „Im Passivhaus läuft immer die automatische Lüftung"! Leider ist deswegen die Atemluft sehr trocken! Die Frau trickst die Lüftung aus, weil sonst ihre Haut und vor allem die ihrer Kinder zu sehr austrocknet! Sie ist sonst viel zu sehr mit dem Eincremen beschäftigt! Die Luft ist extrem trocken sagt sie!
Das verstehe ich nicht!
In der hochdigitalen technischen deutschen Welt, wo es Wäschetrockner zur Entlastung dieser Frau gibt, hängt die zweifache Mutter die feuchte, vielleicht auch noch ungeschleuderte Wäsche, in den Zimmern der Kinder auf. Jeden Tag ein anderer Raum! Gegen die trockene Luft, zum Wohl für Atmung und Haut!
Ist das Video Werbung, Fluch oder Segen?
Warum ist ihr Mann nicht dabei! Hat er keine Meinung dazu? Oder hat er längst gemerkt, dass mit diesem Passivhaussystem etwas nicht stimmt und es ihm peinlich ist?

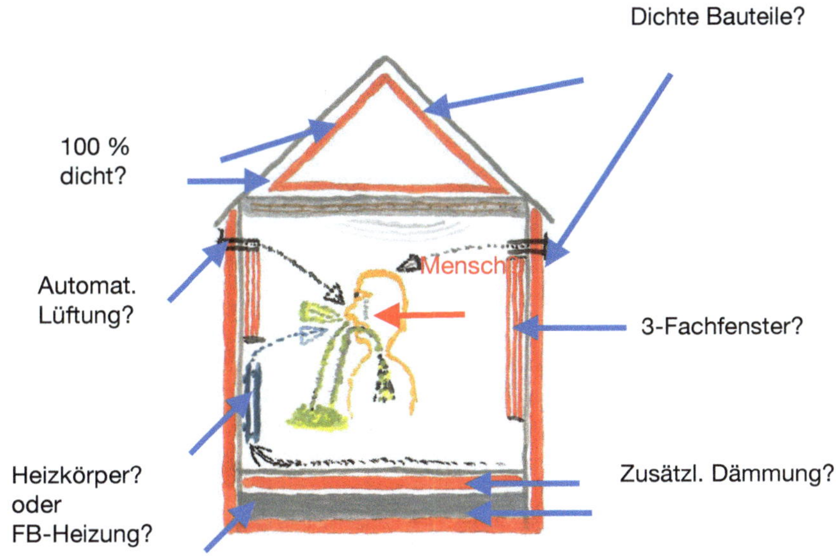

Gemalt: Jaskulski - Passivhaus + Gesundheit?

Liebe Passivhaus-Experten!
Ist das Ihr Anspruch an ein Passivhaus?
Müssen Familien mit solchen Gesundheitsbeeinträchtigungen leben? Jeden Tag? Jahre?
Die Experten lassen sich feiern für die größte Passivhaussiedlung der Welt mit ca. 12.000 Bewohner!
Groß, größer, am Größten, Größenwahn?
Ist es hinzunehmen, dass sich in der modernsten Welt der Passivhausplaner eine Lüftung nicht temperaturtechnisch steuern läßt?
Braucht ein Haus überhaupt eine zusätzliche Lüftung?
Machen dreifach verglaste Fenster Sinn oder ist es Unwissen und gleichzeitig wirtschaftlicher Unsinn?
Was kosten diese Sondermüllpassivhäuser mit diesem gesundheitlichen Einschnitt?
Wieviel Sondermüll wird zusätzlich mit diesem System bezahlt?
Zu viele offene Fragen!
Grund zum feiern?
Fragt die Kinder!

Text 3: Diese Rechnung ist objektive Realität!

Millionen Menschen kommen alljährlich in unsere Gefilde, damit sie unsere wunderschönen Altstädte sehen können. Auch nach Heidelberg kommen sie! Hoffentlich verirrt sich kein Japaner oder Chinese als Tourist in der größten Passivhaussiedlung.
Ich hatte mich in der Siedlung umgesehen und habe mich erschrocken. An den Fassaden kann jeder sehen in welchem Zustand nach nur wenigen Jahren diese Siedlung ist! Manchmal sieht man wie der Putz auf die Platten gekratzt wurde und so jeder Plattenstoß sichtbar ist! Wer nimmt diesen Pfusch ab?
Die größte Hausfehlentwicklung muss ein Ende haben!
Wieder geht es um die Wahrheit. Geht es um meine erfundene Wahrheit? Oder füge ich alle Puzzleteile zusammen und mache ein Bild daraus (siehe unten), wie die Mehrheit der heutigen Wohnhäuser von weitem auf mich wirken. Gehe ich objektiv an die Gebäude heran, dann wird vieles sichtbar, woran sich die Menschen mittlerweile gewöhnt haben. Veralgungen und Risse stören immer weniger. Was die Menschen oder auch die heutigen Studenten nicht sehen, ist der Feuchtezustand, der Fassade und des Gebäudes!

Die Sprache der Bilder sind das Eine, wo ein Glaube entsteht!
Nehme ich die Wahrheit der Zahlen hinzu und fange an mit dem
Rechnen, dann ist die Sprache der Ergebnisse so knallhart, dass
wir heute extreme konträre Zustände im Hausbau haben, bzw.
auch im Umgang mit bestehenden Gebäuden.
Meine Spassrechnung enthält Prozente, welche jeder Mensch anders sehen kann. Die Wahrheit, dass wir eine Hausfehlentwicklung
haben, wer kann sie noch leugnen?

Gemalt: Jaskulski -
Weissgraugrüne
Algen - Kisten ohne
Gesicht -
Türenhäuser

Ich mache eine einfache Rechnung auf:

**Ich rechne mit dem 100% Haus-Bau-Allwissen ein neutiges
Passivhaus herunter! Wahrheit finden!**

Benötigt ein 100%-Haus eine Lüftung, welche sich nicht steuern
läßt und unsere Gesundheit gefährdet?
Sie belastet die täglichen tausende Atemzüge! Es sind ca. 20.000
Atemzüge am Tag. Frauen mit ihren Babys sind sehr viel daheim!
Darf jeder Atemzug eine Qual sein?
Das Baby, die unzähligen Babys und Kinder, welche in den Häu-
sern groß werden, werden die gefragt?
Was ist mit den rund 12.000 Menschen, die noch in dieser Siedlung
wohnen?
Warum und wie wurde gerade diese Familie ausgewählt, welche für
das Passivhaus zu „werben"?
Mein 100-Prozent-Haus-Buch braucht noch einen letzten Grund!

Die allerwenigsten der 12.000 Menschen kommen auf die Idee, die feuchte Wäsche in den Räumen zu verteilen, damit sie besser atmen können! Wieviele Kinder leiden **still** unter diesen Umständen und kratzen die Haut auf bis es weh tut und blutet? Es gehört viel Disziplin dazu, dass der Mensch aufhört mit dem Kratzen! Ich kenne das, erst dann läßt das Jucken nach.

Vom **100**% Haus bleiben durch die nutzlose und gesundheitsgefährdende Lüftung höchstens **75 %** übrig.
Eine Dreifachverglasung brauchte es noch nie, sind reine Wachstuminteressen der Industrie. Prof.Claus Meier (5) hat schon lange nachgewiesen, das Einfachglas mit Strahlungsheizung völlig ausreicht und wirtschaftlich ist.
Mit dem Erifol®-System gehe ich noch tiefer darauf ein. Fensterbau kann ganz einfach verstanden werden! Einfachglas reicht! Einfache Physik! Es bleiben noch **65%**.
Die Sondermülldämmplatten an der Fassade, unter der Bodenplatte und unter den Fußböden funktionieren nicht oder sind unwirtschaftlich. 460 % Mehrkosten eines Wärmedämmverbundsystems (WDVS) gegenüber einer Sichtmauerfassade in den nächsten 80 Jahren und drückt den Prozentsatz weit unter **50 %**, auf **40%**!

Das diktatorische und theoretische U-Wert-Bauen, das den Passivhausbau erst möglich gemacht hat, bringt diese Konstruktionen sofort, von der Planung bis zur Ausführung in die **Bauschadensfalle.**
Das Wort **Bauschadensfalle** erkläre ich in all meinen Büchern. Gutes Beispiel sind die WDVS-Fassaden, wo immer wieder sichtbare Veralgungen zu sehen sind. Vor allem über Sturzbereich über Bad- und Küchenfenstern. Die sichere **Bauschadensfalle** zeigt sich im steigenden Feuchtigkeitsgehalt der Außenwand, in Verbindung mit der falschen Heizungsform! Da hochgebildete Lehrende und Professoren diesen Zustand verursacht haben, wird heute überwiegend **falsch** geplant. Das wird in dem Buch wissenschaftlich nachgewiesen!
Wer will einen Bau haben der so risikobehaftet ist?
Es bleiben höchstens **20 %**.
Zweifelhaftes gesundheitsschädigendes Konvektions-Heizen drückt das hochgelobte Passivhaus auf **NULL Prozent (%) und darunter!**

Dieses Miss-Bauen ist verordnet und wird gefördert!
- Ein U-Wert-Bauen mit einem Hausergebnis gegen Null!
- Ein Bauen, das von der Planung bis zur Ausführung und über die nächsten Jahrzehnte den Menschen Vermögen kosten!
- Ein Bauen, was vor allem unsere Kinder leiden läßt!
- Vererbte Bauten sind uninteressant wegen Wertlosigkeit und werden in den nächsten Jahren zunehmend von Erben abgelehnt!
- Ein Bauen, das gelehrt und geprüft wird und mit **Handwerk, mit der Baugeschichte nichts mehr zu tun hat und außerdem zu falschen Titeln führt!**

**Was bleibt sind weniger als
NULL Prozent!
Wer bietet mehr?
Viele Charaktermenschen um das Erifol®-System,
welche die Physik um Max Planck und Stefan Boltzmann verstehen und ihren Formeln hin zum 100%Haus
für die Menschen aufbereiten!**

Text 4: Das Buch ist meine Lebensaufgabe

Es geht nicht mehr darum, wer das Bauen gegen die Wand gefahren hat. Das habe ich ausführlich im 2.Buch: "Die Dämmlüge und das 100% Haus" beschrieben.
Die Aufgabe des Menschen ist es, dass solche geistig wirren und irren Epochen überwunden werden. Immer wieder spiele ich mit dem Gedanken, dass ich dem Bauen den Rücken kehre. Es hat viel Kraft gekostet in den letzten Jahren und meine Ehe ist dadurch auch auseinander gegangen. Aber mein eigener Anspruch. und die Menschen, welche fragend mich kontaktieren, entfachen das Feuer immer wieder neu.

Ein Architekt aus Ostwestfalen kam Ende 2018 in mein Leben. Wir sind auf einer Wellenlänge und werden das Bauen nachhaltig verändern. Jetzt schreibe ich wieder und wälze alte Fachbücher. Wieder erfahre ich neue Zusammenhänge in der Bauphysik. Durch unsere Zusammenarbeit, sind die Diffusionsvorgänge zum Hauptmerkmal der bauphysikalischen Vorgänge geworden. Diese natürlichen Vorgänge spielen sich immer ab und ändern sich Tag und Nacht. Sie sind verantwortlich dafür, ob Feuchtigkeit in die Wand- oder Dachkonstruktion eindringt oder sich durch Temperaturunterschiede einfach bildet.

Der Baustoff sorgt dafür, ob diese Feuchtigkeit drin bleibt oder wieder nach innen oder außen entfeuchten kann. **Das hängt mehr den je von den Baustoffen und der Heizung ab! Ob der Baustoff die Feuchtigkeit aufnehmen und vor allem auch wieder abgeben kann. Das ist ganz einfach und jeder versteht es. Jeder! Dafür muss niemand studieren!**
Genau diese Vorgänge sind es, die das Leben unserer Häuser bestimmen! Sie bestimmen.

Nun kommt in der 2.Auflage ein wichtiger physikalischer Aspekt dazu. Auch ich durfte in den letzten 2 Jahren sehr viel hinzu lernen. Volker Hinz (14) vom ERIFOL®-System hat nie locker gelassen und überzeugte mich immer mehr mit seinen einfachsten physikalsichen Erklärungen, welche in unserem täglichen Leben begegnen.

Die bauphysikalischen Vorgänge werden im Buch nochmals grundlegend abgearbeitet. Ich versuche dabei, dass ich so einfach wie möglich schreibe, damit jeder Laie oder Student die Zusammenhänge verstehen kann. Wichtig ist, dass der Bauherr den Planern die richtigen bauphysikalischen Fragen stellen kann und ihn so lange festnagelt bis die Lösung für den Bauherrn zu 100% erreicht ist.

Eine 100%-Lösung erbringt eine Konstruktion, die gewährleistet, dass Jahrzehnte keine Bauschäden auftreten können! Diese 100% haben es in sich! Denn auch mich fordern die 100 Prozent besonders heraus.

Wir alle sind gefordert!
Die Genialität:

100%!
Die Messlatte für
unser Haus!

Beim Schreiben meines zweiten Buches: „Die Dämmlüge und das 100% Haus", kam ich in die Nähe des 100. Textes als die weitreichende Idee mit den **100 Prozent** aufkam. Wir wollen in allen Dingen 100% Qualität haben. Nur beim Haus begnügen wir uns mit NULL %. Warum 0 Prozent?

Weil die heutigen Häuser fast ausschließlich aus nichtfunktionierenden oder überteuerten Dämmkonstruktionen bestehen. Die Dämmbaustoffe können kaum oder gar nicht mit Feuchtigkeit umgehen.

In diese Häuser können Menschen einziehen. Das war's auch schon! Diese Häuser sitzen für immer in der Bauschadensfalle.
Wer möchte das?
Wer möchte so ein unsicheres nicht vererbbares Haus?
Ist solch ein Haus der Anspruch des Planers und Architekten, des Bauhandwerkers, der Industrie und der Politik?
Durch mein zweites Buch kommen immer mehr Menschen zu mir, welche ein 100%-Holzhaus haben möchten, aber ohne zusätzlicher Dämmung.
Solche Häuser werden zur Zeit nicht genehmigt!
Mal sehen, was mit dem Erifol®-System möglich ist!

In alten Fachbüchern stehen die Wege zu einem 100% Haus. Das alte funktionierende Wissen ist praktisch noch überall sichtbar. Wenn dieses Wissen mit der für den Menschen perfekten Heizungsform, der Temperierung bzw. der Strahlungsheizung verbunden wird, entstehen 100%-Häuser. Nur dann!

Ziegelhäuser oder Massivhäuser mit Edelputz, die Jahrzehnte keine Reparaturen kennen gibt es sichtbar genügend.

Bauphysikalische Prozesse wurden schon damals wissenschaftlich durchleuchtet und erklärt. In den nächsten Kapiteln steigen wir sehr tief in die physikalischen Prozesse ein.

Text 5: Die Baurevolution und meine Bücher

2018 riss ich mir meine Achillessehne, kam so richtig auf den Hintern runter und schrieb ich die Baurevolution! Sie kann im Internet immer noch gelesen werden. Bei Google unter: "Richtig Bauen" stehe ich damit immer noch weit oben, www.die-baurevolution.de. Allerdings sind die Texte nach Google-Richtlinien entstanden, um im Ranking nach oben zu kommen. Es ist nicht mein Stand von heute, aber es hilft, dass die Menschen aufwachen.
Im Juli 2019 ist meine geschriebene Baurevolution erschienen, „Die Dämmlüge und das 100% Haus". Es ist das Buch, das den Weg zum natürlichen, gesunden, kostengünstigen und funktionierenden Bauen zeigt.

Als Maurermeister machte ich mich vor 13 Jahren auf, dass ich mein erstes Buch schreibe. Heraus kam der Titel: „Dämmbaustil oder Baumeisterkunst?". Es war eine sehr bewegende Zeit! Meine ganze Wut packte ich in dieses Buch! Ich verstand damals noch nicht, wie dieses wundervolle Bauen so den Bach runter gehen konnte.

13 Jahre sind seitdem vergangen. Viele Baukritiker wie Prof. Claus Meier oder Konrad Fischer haben uns verlassen. Eine kritische Betrachtung des heutigen Wohnungsbaus und der damit einhergehenden grundlegenden Veränderungen hin zum funktionierenden Bauen gibt es kaum!
Die **Dämmstärken** auf unseren Fassaden haben sich seither mehren Jahren mehr als **verdoppelt!** Die versprochenen großen Heizkosteneinsparungen blieben trotzdem aus!

Bilder: Jaskulski - Meine Bücher
Links: 2009 - „Dämmbaustil oder Baumeisterkunst?"

Rechts: 2019 - „Die Dämmlüge und das 100% Haus"

Die Bauschäden gehen jedes Jahr in die Milliarden. „Experten" meinen, der Handwerker ist schuld und macht die Fehler, welche zu den Bauschäden führen. Das ist kompletter Unsinn.

Die Planer und Handwerker können nur so gut sein wie ihre Ausbilder. Ich finde mich nicht damit ab und zeige den selbsternannten Bauexperten die rote Karte. In all den Jahren des steigenden Missbauens, steigerte ich mein Bauwissen in Regionen, von denen heutige Studenten oder angehende Architekten nur träumen können!

Ich bin über 43 Jahre mit dem Bauen unterwegs und habe das Bauen von der Pike auf gelernt. Es fällt mir sehr leicht, dass ich neue und alte praktische Techniken und Lösungen hinterfrage und teste. Sehr schnell entscheidet sich dann, was wirklich funktioniert oder nicht.

In den letzten Monaten bin ich viel unterwegs gewesen, um herauszufinden, ob und wie sich die Menschen mit meiner geschriebenen Baurevolution auseinandersetzen. Am liebsten garnicht!

Das Bauen ist mittlerweile vom einseitigen, verordneten Dämmen so verseucht, dass niemand richtig weiß, wie sich dieser Zustand nochmal ändern läßt. Die Diskrepanz zwischen dem was wir sehen und hören ist so groß, **das sich Menschen das nicht vorstellen können.**

Es geht um den Unterschied zwischen falschen, immer dicker werdenden Dämmschichten und dem richtigen Massivhausbau. Auf dem Foto sieht man zwei Millionenvillen, wieder in Heidelberg. Rechts eine schöne massive Villa mit Gesimsen, Vorsprüngen und Verzierungen und natürlichem Putz. Und rechts...?

Foto: Jaskulski

Wie soll gegen die Milliarden der Industrie erfolgreich angekämpft werden? Wer von den jungen Architekten und Bauingenieuren merkt schon, dass sie falsch gelehrt und geprüft werden. Wenn sie wüssten, dass ihre Titel dazu beitragen, dass Deutschland immer mehr zugedämmt wird, hätten sie einen handfesten Konflikt.

Ein noch junger Architekt, immerhin auch schon über 40 Jahre, sollte für das Signal zum Weitermachen reichen! Durch und mit ihm ist mir das Schreiben des zweiten Buches sehr leicht gefallen. Er hat genau vor 16 Jahren sein Ingenieur-Diplom bekommen. Ich machte in dieser Zeit den Sachverständigenlehrgang. Wir beide sind unabhängig voneinander in die Sachverständigentätigkeit gegangen. Er hat durch Sturm beschädigte Dachkonstruktionen unter die Lupe genommen und dabei festgestellt, dass die Feuchtigkeit in den Dachdämmungen nicht immer vom eindringendem Regen verursacht werden. Das Gleiche gilt für durchfeuchtete Fassadendämmungen. Wir beide gingen den Dämmkonstruktionen auf den Grund.

Somit ist es für uns sehr leicht, dass wir bei dem YouTube Kanal: „Bau TV Richtig Bauen", die Dämmstoffe mit den Speicherstoffen vergleichen. Wir maßen uns dabei nicht an, dass wir die perfekten Experimente machen. Die Experimente sind so einfach, dass Menschen sie sofort selbst ausprobieren können und ein Gefühl dafür bekommen, **was dämmt und was nicht! Nur darum geht es, dass wir endlich begreifen und fühlen was dämmt und was nicht!**

Jetzt im Herbst 2022 bin ich, viel besser wir, 200 Videos weiter! Es ist eine Familie entstanden, welche das Haus für die Menschen denkt und endlich menschlich entwickelt und plant.

Mir bleibt nichts anderes übrig, dass ich diese 2.Auflage des dritten Buches schreibe. Ich habe keinen Bock mehr, das ich mich mit dem negativen Sondermüllbauen beschäftige.
Die funktionierenden Konstruktionen sind in unseren beider Köpfen theoretisch vorhanden. Diese in die Praxis umzusetzen ist äußerst schwierig, weil das verordnete Bauen dies verhindert. Deswegen werden wir alle Menschen aufmischen mit unseren Videos auf unserem YouTube-Kanal: „Bau TV Richtig Bauen".
Und das hat sich geändert. Mit dem ERIFOL®-System mischen wir nicht mehr theoretisch, sondern zeigen auch in der Praxis, wo es lang geht!
Der nächste Schritt wird sein, dass wir die Befreiungsanträge für Altbauten stellen.

Nein, die Befreiungsanträge nach der EnEV %25, unsere größte Hürde, brauchen wir nicht mehr stellen! Dank des Erifolsystems. Das 100%-Haus wird das zukünftige Qualitätsmaß des Wohnhauses. Fakt ist, dass wir Menschen durch diesen Seinsprozeß weiter durchmüssen.

Ich wollte Anfang 20 studieren und habe mich dann doch für Industriemeister und Maurermeister entschieden. Heute weiß ich warum.

Nur ein Praktiker kann die Theoretiker zur Vernunft bringen! Auch der junge Architekt kommt aus der Praxis. Das Bauen ist immer aus der Praxis entstanden und konnte sich nur dadurch immer weiter entwickeln. Bis die Industrie das Bauen zum Geldscheffeln genutzt und die Bauqualität dafür geopfert hat.

Mit dem 100%-Haus kann sich niemand mehr herausreden. **Ich gebe die 100% im Buch vor. Jeder darf sich daran messen und es verbessern!** Aber nur, wenn es dem Menschen und der Erde nützt.

Text 6: Von der Verantwortung der Baumeister zu Einzellobbyisten

Unser Haus in der Gesamthinterfragung zeigt sehr deutlich, dass früheren Baumeister fehlen. Baumeister hatten die Verantwortung für das gesamte Haus. Baumeister haben sich mit ihrem Schaffen die Qualifikation erarbeitet. Heute lernen Studenten überwiegend Texte und Definitionen auswendig, ohne dass sie verstehen, was im Gesamten dahinter steckt.
Das beste Beispiel ist das Ausrechnen des U-Wertes, wie ich es bei meiner Meisterausbildung "gelernt" habe. Gelernt, aber erst viel später durch Menschen, wie Konrad Fischer oder Prof. Claus Meier hinterfragt, verstanden und letztendlich abgelehnt, wie später weiter beschrieben wird.
Es ist kein Wunder, dass die Hausfehlentwicklung stattfand. Alle Gewerke eines Hauses haben sich getrennt von den anderen Gewerken. Sehr deutlich zeigt es sich an Hand der Schimmelprobleme in unseren Häusern.

Wenn an der Fassade etwas nicht in Ordnung ist, dann schiebt der Fassadendämmer es auf den Fensterbauer. Wenn in den Häusern Schimmel sichtbar ist, dann schiebt der Fassadendämmer auf die undichten Fenster oder auf die Heizungsbauer. Umgekehrt wird das gleiche Spiel gespielt.

So entstanden für jedes Gewerk immer stärkere Lobbygruppen, mit immer größer werdenden Firmen bis hin zu Konzernen. Mit dieser Macht ausgestattet, ist der Blick auf das gesunde und funktionierende Haus verloren gegangen. Der Mensch oder der Student hat kaum noch eine Chance an diesen Stellschrauben zu drehen.

Die kritische Szene, welche in Westdeutschland immer bestand, wurde belacht, verleumdet und sehr oft kaputt gemacht. Ich kann davon einige Lieder singen und bin sogar als Demagoge betitelt wurden, wo jeder Spaß am kritischen Denken im Keim erstickt wurde.

Das Weitergehen wird seit einem Jahr belohnt. Menschen, welche sich zu Baumeistern entwickeln, weil sie ganz **einfach** das Bauen verstehen und physikalisch so erklären, dass es **jeder Mensch** verstehen kann, der mag.

Mit dem Erifol®-System ist das System am Markt, welches ganz langsam, aber ganz sicher den Hausbau-Markt erobern wird. Es schafft Ordnung in die Hauskonstruktion mit einer einzigen Folie, welche viele Aufgaben übernimmt. Hinzu gesellt sich eine parallel-durchströmte Temperierung, welche den Menschen, das Klima ins Haus bringt, was es sich wünscht.

Die früheren Baumeister bauten schöne ansehnliche Häuser im Goldenen Schnitt.

Durch das Erifol®-System kommt die Wende im Hausbau, mit dem Blick auf das Ganze!

Text 7: Bedeutungsvolle Händigkeiten bringen schöpferisches Bauen

Großes erschaffen, braucht eine wichtige Voraussetzung, die Entschiedenheit! Diese 2.Auflage schreibe ich gemeinsam mit anderen Menschen, welche mich begleiten. Es wird den Menschen die Grundlagen bringen, dass das Bauen frei gedacht werden darf. Dabei geht es um Ihr Haus. Das Haus in dem Sie und Ihre Kinder die meiste Zeit des Lebens verbringen. Darin natürlichste Luft atmen, ist die allererste Voraussetzung, entgegen der verordneten, teuren und ungesunden Lüftungsluft der Lüftungsanlage.

Baumeister sind Künstler! Wo sind Sie? Allenfalls findet man sie ganz versteckt als Restauratoren in Kirchen oder Schlössern!
Wo sind die Baumeister der letzten Jugendstilepoche? Ich wäre gern mit einem echten früheren Baumeister mitgegangen! Leider gehen schon 16 Jahre meiner Zeit dahin, damit das Bauen auf den Prüfstand kommt und sich ändert. Jetzt kommt eine große Belohnung für mich, das Erkennen der wahren bauphysikalischen Vorgänge in einem Haus!
Nun bin ich zumindest geistiger schreibender Baumeister! Ich verwandle das Bauen mit dem Buch und dem Beschreiben des 100%-Hauses, in pure, durchlebte und echte Emotion!
Immer wieder höre ich in den letzten Jahren Menschen, welche sagen, dass sie ja Laien sind und nichts vom Bauen verstehen. Sie werden es jetzt sehr schnell verstehen, wenn sie lesen, dass nur wenige Baustoffe und Konstruktionen für den Neubau übrig bleiben. Baustoffe, die die Erde jederzeit wieder zurücknimmt, ohne dass die sie Schaden nimmt.
Jeder kann seine Kreativität, sein Wissen steigern, wenn die wahren Charaktermenschen uns die richtigen Dinge zeigen und lehren.

Die Kreativität der Menschen läßt leider sehr besorgniserregend nach! Kreativforscher(1) haben festgestellt, dass eine Gruppe von 1600 Kindern im Alter von fünf Jahren **98% hochgradig kreativ** sind. Fünf Jahre später, zehnjährig sind nur noch **30% hochgradig kreativ**. Weitere fünf Jahre später, fünfzehnjährig nur noch **12%**.
Vergleichsgruppe 280.000 Erwachsene, älter als 25 Jahre
ZWEI %, 2 %, zwei Prozent!

Jeder Mensch ist einzigartig, so wie jedes Haus. Schöpfung, Individualismus und Kreativität sind Grundlagen der Menschwerdung. Sie werden ohne Gewissen durch den Lobbyismus unterdrückt und sterben systematisch ab.
Die Politik und die Industrie jammern auf höchstem Niveau um den Fachkräftemangel. Dass sie selbst dafür verantwortlich sind, da fehlt ihnen die Selbstkritik!

Wie geht schöpferisches Bauen?

Indem zuerst gebaut wird, was theoretisch bis ins letzte Detail erklärt werden kann. Diese Theorien sind ausnahmslos aus der Praxis entstanden. Das Haus muss alle Anforderungen erfüllen, welche uns die Erde und die Natur abverlangen! Jeder Mensch mit gesundem Menschenverstand muss in der Lage sein, dass er dieses Haus versteht und wenn er stark genug ist, es auch bauen kann. Dann müssen die statischen Anforderungen erfüllt werden. Das ist ganz einfach. Ein Maurermeister, wenn er vor über 20 Jahren wie ich, einen Titel bekommen hat, welcher in Statik geprüft wurde, braucht keine Statik um ein Wohnhaus für eine Familie zu bauen.

36,5er oder 49 cm dicke Wände im Kreuzverband gemauert erfüllen alles was eine Außenwand braucht, eine Holzbalkendecke darüber, Kalkputze auf die Wände, sind Erfahrungen die Jahrhunderte funktionieren.

Dann kommt das Schöpferische, die Handschrift des Baumeisters, Maurers oder des Putzers.
Okay, durch das ERIFOL®-System brauchen wir diese dicken Wände nicht mehr! 17,5 cm dicke Wände oder gar nur 15 cm wie oft zu sehen, erfüllen vielleicht die Statik theoretisch. Praktisch, rissfreie Garantie über Jahrzehnte, ist für mich Wunschdenken!

Ein 100% funktionierendes Haus schöpft schon allein aus der sehr langen Bestandszeit ohne große Reparaturen.
Das Haus wird bestaunt. Die vorbei ziehenden Menschen erfreuen sich an dem Baumeisterhaus. Es ist immer eine Premiere für die Besichtigenden, weil der Blickwinkel und das Licht immer anders ist.

Der Baumeister oder Handwerker läßt schon in der Entstehungsphase des Hauses seinen Geist arbeiten. Wie sind die Himmelsrichtungen? Zu welchen Zeiten steht die Sonne da oder dort? Mit welchen Gesimsen oder Vorsprüngen wird der Wind gebremst oder abgewiesen, damit die Fassade nicht auskühlt? Durch welche schöpferischen Lichtspiele kann die Fassade zu einem zauberhaften Ganzen werden. Ein Bauherr kann da immer auch seine eigenen Zeichen, Ideen oder Vorstellungen einbringen. Dadurch entsteht auf beiden Seiten eine hohe innere Zufriedenheit, beim Handwerker und Bauherrn zugleich.

Es gibt eine Grundverpflichtung an das Bauwerk, an die Statik und die Bodenverhältnisse. Aber es gibt auch einen Freiraum jenseits der Pflichterfüllung, den jeder nutzen kann. Dadurch entstehen ganz neue Sichtweisen und die Schöpfung.
Nun, im Herbst 2022 kommen noch ganz "neue" Aspekte dazu! Das physikalische Wort Reflexion verändert die Sicht auf unser Haus!

Text 8: Theoretische Physik und die Praxis!

Gebe ich im Internet, "theoretische Physik" ein, schaue ich bei, www.derstandard.de, rein. Da stehen bemerkenswerte Sätze in Verbindung mit Sabine Hossenfelder (Physikerin), wie; "Ist die theoretische Physik in eine Sackgasse geraten? Sie sagt: "Die theoretischen Physiker seinen "wahnwitzigen" Modellen verfallen, die keinen Fortschritt bringen und viel Geld verschlingen." Was immer wieder hinterfragt wird, ist das Fehlen von empirischen Belegen!
Dabei gibt es große Parallelen zu unserem theoretischen Bauen!
"Hossenfelder holt dabei zu einem Rundumschlag gegen ihren eigenen Forschungsbereich aus: Die Physiker würden ihr Geld damit verdienen, "wahnwitzige Theorien auszubrüten, die höchst umstritten sind", lautet ihr Urteil. Diese seien "spekulativ, aber faszinierend; schön, aber nutzlos".
Nochmal und noch viel deutlicher auf unser Bauen zu beziehen; "In den Grundlagen der Physik hat sich in der Theorieentwicklung in den vergangenen 40 Jahren nicht viel getan. Die Theorien, die wir heute benutzen, sind immer noch dieselben wie in den 1970er-Jahren. Die theoretischen Physiker produzieren ohne Ende immer neue Theorien. Aber das funktioniert einfach nicht. Doch statt dass man daraus lernt und versucht, andere Methoden zu verwenden, macht man dasselbe immer wieder."
Sie kommt uns wie gerufen! Denn ihre wahren Kommentare passen genau, wenn es um die Physik unseres Hauses geht!
Auf den Punkt gebracht, folgende Aussage:

Der Lobbyismus hält weiter an der "wissenschaftlichen" Verkomplizierung unseres Hauses fest!
Dann klären wir mit diesem Buch das Volk auf!

Ich bekomme von einem Erifol®-Experten seit einem Jahr an vielen praktischen Beispielen die theoretische Physik erklärt und ich bin beeindruckt wie einfach ich das Haus in Verbindung mit dem Wort Reflexion, physikalisch verstehen kann!
Laut Wikipedia: "Reflexion bezeichnet in der Physik das Zurückwerfen von Wellen an einer Grenzfläche, an der sich der Wellenwiderstand oder der Brechnungsindex des Ausbreitungsmediums ändert. Bei glatten Oberflächen gilt das Reflexionsgesetz, es liegt der Fall der gerichteten Reflexion vor."

Die ERIFOL®-Menschen schreiben die theoretische (Bau)-Physik neu, welche sehr leicht praktisch nachgeprüft und somit verstanden werden kann. **Jeder** welcher mag!
Ganz wichtig für Beweise, sind Messverfahren, welche nicht widerlegbar sind!

Ich beschreibe das Ende des theoretischen U-Wert-Bauens.

Das U-Wert-Bauen ist nur Theorie, die den Menschen eingetrichtert wird. Jegliche Kreativität geht damit verloren. Das Bildungssystem früher und heute ist Auswendiglernen, Gehorchen, mit Nachdruck lernen und strenger Frontalunterricht!

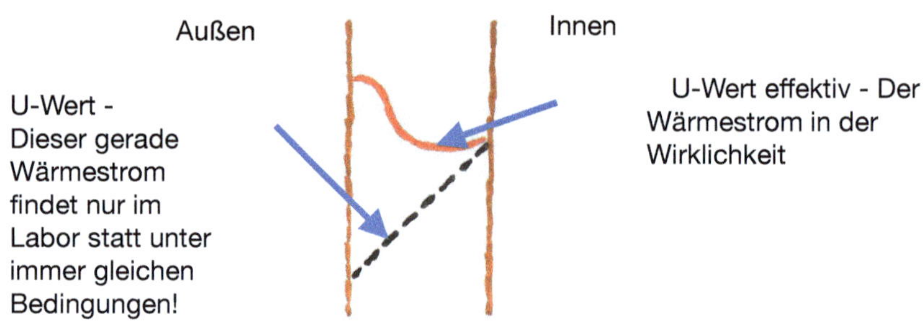

Gemalt Jaskulski - U-Wert und U-Wert effektiv

Text 9: Theorie und Praxis für den Bauherrn

Die Weiterentwicklung der Menschheit ist nur mit beiden Teilen zu gleichen Teilen möglich. Glück und Seelenheil beim Handwerker, egal ob ein Hauptschüler als Praktiker oder ein Architekt als Theoretiker unterwegs ist. Keiner kann auf Dauer ohne des Anderen!

Geht unsere deutsche Bevölkerung mit dem einseitigen verordneten Dämmbaustil weiter, steigt auch das Ungleichgewicht! Heute werden immer größere Zahlen gehandelt! Deswegen schreibe ich hier ganz deutlich nochmal die Zahlen aus meinem zweiten Buch:

Weiter in diesem Dämmbaustil, bis ans Ende unserer Tage, dass unsere Hauswerte, Minus-Billionen-Werte erreichen, bis in die Unendlichkeit!
Die Baurevolution, jetzt mit dem ERIFOL®-System, hat die Kraft des Wissens, damit das 100%-Bauen den Plus-Billionen-Weg einschlagen kann!

Damit die zweifelhafte U-Wert-Theorie aufrecht erhalten werden kann, sind immer neue kompliziertere Rechenverfahren erfunden wurden, damit die Realität in immer weitere Ferne rückt!
Jeder darf in seiner Einseitigkeit weitergehen. Andere müssen sich weiter entwickeln dürfen. Durch anerkannte Menschencharakter, Theoretiker und Praktiker konnte ich mich bis hierher, bilden und weiter entwickeln.

Der gewohnte einseitige Bautrott lähmt uns und wickelt uns ein, bis wir ersticken! Vor allem dann, wenn echte Alternativen gegeben sind, die aus Sicht des Maurermeisters besser funktionieren und nachhaltiger sind.

Jeder Mensch, der Jahrzehnte in gesunden Holz- oder Ziegelhäusern gewohnt hat und noch die gesunde Strahlungsheizung gewöhnt war, hält es in einem Betonhaus mit Konvektorheizung nicht lange aus oder bekommt gesundheitliche Probleme. Mittlerweile bezweifle ich sogar meine Aussage mit der gesunden Strahlungsheizung, weil viel mehr gesunde Strahlung als Konvektion vorhanden war.
Ziel ist aber die 100% Heizung!
Diese 100% Heizung hat keine Konvektion. Dazu braucht es die unabhängigen Erifol®-Physiklehrer, welche den Beweis erbringen.
Dieser Beweis wird in Theorie und Praxis geführt! Danach dürfen wir Menschen ganz neue Wohngefühle kennen lernen!

Die Theorie ist seit Jahrtausenden aus der Praxis entstanden. Wenn Häuser oder Gebäude nach Stürmen oder Erdbeben ohne Risse und Beschädigungen immer noch standen, waren diese Bautechniken und Grundlagen, die in die Theorie aufgenommen werden konnten.

Die Baustile die sich über Jahrhunderte entwickelten, konnten sich nur weiter entwickeln, weil die Hauptbestandteile eines Bauwerks, wie Außenwände, Decken und Dächer sich bewährt hatten. Zeigten sich hingegen Risse oder andere Beschädigungen, dann wirkte die Ehre der Baumeister, dass sie diese Zustände verbessern.

Wo ist heute die Ehre der Handwerksmeister? Seit wann gibt es zum Beispiel den Malermeister? Vor 100 Jahren waren sie noch Tüncher. Heute regieren sie mit ihrem U-Wert-Wissen und der Unfähigkeit ihre Fehler einzugestehen, die Fassaden und bestimmen hauptsächlich die Minuswerte unserer Häuser.

Malermeister und Dämmfirmen sehen schon nach wenigen Jahren die Veralgungen und Risse an ihren Fassaden.
- Wo bleibt die Ehre?
- Wo bleibt die Verantwortung gegenüber dem Kunden?
- Was ist mit der Bildung und Lehre?
- Wie gehen die nächsten Generationen damit um?

Alles wird toleriert und klaglos hingenommen. Ich dachte, dass meine bisherigen Bücher diesen unehrenhaften Zustand verändern. **Nein,** kritische Bücher verändern nichts! **Das Erifol®-System hat die physikalische Macht, damit es sich ändert.** Mit unseren sehr einfach gehaltenen Videos sind wir auf große Resonanz gestoßen und treten natürlich den Dämmern kräftig auf die Füsse. Das reicht aber nicht, weil wir zu wenig Einfluss haben. Die Erifolmenschen sind auch seit über 10 Jahren unterwegs und es findet sich nun alles zusammen!

Jeder kann eine Heißluftpistole, den Haarfön oder eine alte Herdplatte nehmen, damit sie selbst die Dämmstoffe testen. Vorsicht vor Verbrennungen und Feuergefahr!

Die Testgeräte können so eingestellt werden, dass nichts anbrennt. Damit können Dämmplatten, ob Styropor oder Mineralwolle sehr einfach getestet werden. Da zeigt sich wie schnell die Wärme, durch die Wärmeleitung hindurcheilt. Dagegen sind schon bei 4 cm Vollholz sehr lange Wartezeiten auszuhalten bis auf der anderen Seite die Wärme ankommt.

Ganz wichtig für Theorie und Praxis sind die Fachbücher! Erst Anfang des vorigen Jahrhunderts sind umfassende Baufachbücher auf dem Markt erschienen. In diesen Fachbüchern kann jeder nachlesen, wie schwierig es ist, **dass neue Techniken da aufgenommen werden**. Die Anforderungen um 1950 waren sehr hoch! In der Praxis war zeitgleich die Berliner Baupolizei sehr gefürchtet. Schade dass heute nur noch die Energiesparmaßnahmen kontrolliert werden.
Heute gibt es immer mehr Knöllchen. Ich würde Fensterknöllchen einführen und Fensterpolizisten losschicken, damit die Energieverschwendung durch gekippte Fenster ein Ende hat. Außerdem sind diese gekippte Fenster, neben der falschen Heizungsform, die Hauptursache für die Schimmelgefahr in unseren Häusern!

Text 10: Was sagt die Wissenschaft zu unserem Haus?

Definitionen im Internet: **Wissenschaft**
"Die Wissenschaft strebt Erkenntnisgewinn (Forschung) und -vermittlung (Lehre) an, wobei sie anerkannte und gültige Methoden benutzt und Resultate veröffentlicht bzw. einbezieht. Sie ist in gewissem Sinne voraussetzungslos und ergebnisoffen."
Was gehört zur Wissenschaft?
Die Wissenschaft ist ein System der Erkenntnisse über die wesentlichen Eigenschaften, kausalen Zusammenhänge und Gesetzmäßigkeiten der Natur, Technik, Gesellschaft und des Denkens, das in Form von Begriffen, Kategorien, Maßbestimmungen, Gesetzen, Theorien und Hypothesen fixiert ist."
Bei der Antwort der Frage, was ist das Gegenteil von Wissenschaft, kommt die Wissenschaft ins Schludern!
Das steht:" **Wissenschaft** und Praxis. Das Gegenteil von Theorie ist Praxis. Wissenschaft ist durch Theorie, nicht durch Praxis definiert. Sie schließt die Praxis weder ein noch aus, muß sich aber

stets bemühen, die Brücke zur Praxis zu schlagen. Diese **Brücke** heißt **Anwendung** einer Wissenschaft."

Noch interessanter wird es, wenn die Frage beantwortet wird: Wer kontrolliert die Wissenschaft?

Antwort: "Für die Einhaltung wissenschaftlicher Redlichkeit trägt die Gemeinschaft der Wissenschaftler Verantwortung. Staatliche Kontrolle ist hierfür nicht nur unnötig, sondern kontraproduktiv. Die Universitätslehrer sind aufgerufen, allgemeine Regeln guter wissenschaftlicher Praxis zu formulieren und einzuhalten."

Tun sie das?

Klaus Schwab spricht auf dem G20 Gipfel in Indonesien! Ich wollte mich eigentlich nicht über die große Politik äußern. Aber beim Schreiben des Buches dreht sich die Welt weiter! Da ich den Baudingen auf den Grund gehe und anderen Dingen in meinen Lebensbereichen auch, muss die Wissenschaft in Verbindung mit unserem Haus noch abgehandelt werden!

Was sagt die Wissenschaft zu
- unserem Haus
- zur Heizung
- zur Gesundheit im Haus
- zur Dämmung
- zur Wärmebildkamera

Alle Lebensbereiche und die ganze Wirtschaft wird wissenschaftlich untersucht und durchleuchtet. Sie wird mit Milliarden bezahlt. Wer bezahlt die Wissenschaftler? Großkonzerne?

Hat das **ERIFOL®-System**, was die Wissenschaft hätte schon längst unter die Lupe nehmen müssen, eine reelle Chance?

Wer und was gibt einem Wesen wie Klaus Schwab und dem Großkonzerneclub die Legimitation einen großen Neustart zu veranstalten, ohne die Menschen mit einzubeziehen? Eine tiefe Umstrukturierung unserer Welt in die Hände weniger Wesen, wo führt das hin?

Bei, www.norberthaering.de, steht ein vielsagender Text, den jeder Mensch durchdenken darf: "Aber das Schlimme ist, dass kaum noch jemand ausspricht, dass ihnen das keinerlei Legimitation gibt, über unsere Welt und unsere Gesellschaften zu bestimmen. Stattdessen können sich diese technokratischen Demokratiezersetzer

ganz offen mit ihren größenwahnsinnigen Kontrollfantasien und -plänen im Rampenlicht sonnen und werden noch bewundert.
Das ist nicht normal."
Dr. Norbert Häring, spricht mich frontal an, mit seiner Sichtweise.
Ist es normal, wenn unzählige wahre Menschen seit Jahrzehnten nicht nur erkennen, dass unser Haus den Bach runter geht, sondern es längst bewiesen haben?
Ich gehe lieber von der Welt in eine andere Welt, als das ich aufhöre für unser Haus zu schreiben!
Mit dem **ERIFOL®-System** hat sich mein jahrelanges Kämpfen in Luft aufgelöst, was nicht heißt, weiter deutliche Worte für unser Haus zu finden!
Schaue ich in die wissenschaftlichen Beiträge über das Wärmedämmverbundsystems (WDVS) und lese den Text in der Deutschen Bauzeitschrift im Leitfaden WDVS unter der Überschrift: "Schön gedämmt - zu unrecht werden WDVS als...."!
In meinen Büchern und Videos, sowie mit den Erifol®-Experten widerlegen wir diesen Text fachgerecht in alle Einzelteile. Wie ist diese Diskrepanz möglich?
Ganz einfach, weil es Menschen gibt, welche für das Wohl aller Menschen denken und handeln. Bauen und die dazugehörige Physik ist kein Hexenwerk, welche jeder verstehen kann.
Dieses Buch hält jeden Vergleich mit der etablierten Wissenschaft stand, welche mit der Macht des Geldes am Leben gehalten wird.
Möchte ich etwas über die Heizungs-Wissenschaft erfahren, dann gibt es unter dem Wort: "Heizungswissenschaft", nichts was den Menschen weiter hilft.
Es gibt 7 Antworten in einem Forum, unter: "Wird Heizen zur Wissenschaft?"! Entweder hat niemand die Frage verstanden, keiner verliert ein Wort darüber!
Gut, dann über nehmen die Erifol®-Experten die Wissenschaft über das Haus, über die Heizung, den einfachen Fensterbau, über das wie wird gelüftet, über die Dämmung innen oder außen.
Diese drei Erifolmacher schreiben die Studiengänge für das Bauingenieurwesen aller deutschen Universitäten neu!
So einfach ist **Wissenschaft** und zeigt was Wissen schafft!
Erschafft!

Kapitel II: Das 100%-Haus und sonstige Fragen

Text 11: Meine Haus-Emotionen

Ein Seminar im Herbst 2007 in Bremen, sollte mein Bauen komplett auf den Kopf stellen. Seit über 15 Jahren sind Wut, Traurigkeit und größte Emotionen meine ständigen Begleiter. Demgegenüber wächst aber auch die Zahl meiner Bauberatungen für das gesamte Haus!
Nun kommen die für mich schönsten Texte für die Hausbesitzer und Bauherren. Ich gebe alle möglichen Antworten auf Fragen, die mir über die vielen Jahre gestellt wurden.

Die folgende Ansammlung, mit selbstgefertigten und gemalten Bildern und Fotos zeigt auf, dass das Bauen ganz einfach anders geht, wenn es funktionieren soll.

Wie würde ich mein Haus bauen mit all meiner heutigen Erfahrung! Würde ich mir heute überhaupt ein neues Haus bauen? Zur Zeit wohl eher nicht! Das war vor 2 Jahren und ändert sich mit dem ERIFOL®-System schlagartig. Brauchen wir Neubau, wenn es das Erifol®-System gibt?
Es werden unzählige alte und noch funktionerende Häuser abgerissen, weil die Menschen wenig Ahnung haben vom 100% Bauen!

Ich maße mir nicht an, dass ich das 100%-Bauwissen besitze.
100% sind aber in der Welt der Maßstab. Dass auf diese 100 Prozent beim Haus noch niemand gekommen ist, wundert sehr. Ich bin bemüht, dass ich so nahe wie möglich an die 100% herankomme.

Jeder Planer und Handwerker, welcher was auf sich hält, hat diese 100% als Maßstab zu akzeptieren! Zusammen mit anderen Charaktermenschen werden die heute möglichen 100% immer mehr realisiert werden.

Wiederholt werde ich darauf hinweisen, dass durch das einseitige U-Wert-Bauen, jahrzehntelange Erfahrungen und Forschungen mit dem U-Wert-Effektivbauen verhindert werden.

Mit diesem Buch können die Menschen den Traum vom 100%-Bauen oder 100%-Haus nicht nur träumen, sondern Realität werden lassen.

Vor über 30 Jahren fiel die Mauer! Als Dresdner bin ich im „Tal der Ahnungslosen" groß geworden. Aber mit dem 100%-Bauhandwerk im Geist und in den Händen. Ein Fundus!

Noch 1989 habe ich dicke Außenwände mit dem vollen gebrannten Ziegelstein gemauert. Zu der Zeit war der Stein im Westen Deutschlands schon längst nicht mehr „Standard".
Da das schnelle industrielle Bauen seit Jahrzehnten nicht funktioniert und immer zu Bauschäden führt, wird es verändert!

Text 12: Wie entsteht 100% Hausbau-Denken?

Menschen haben ein großes Bedürfnis, dass sie sich in einem Haus wohlfühlen, sich erholen können, in gesunden Verhältnissen schlafen und Energie auftanken!

Wie erreichen die Menschen das? Wir befinden uns in Mitteleuropa mit vier Jahreszeiten. Das heißt, wir sind von Außen immer wechselnden Bedingungen ausgesetzt.
In unseren Häusern sorgen wir Menschen mit unserem Atmen, Duschen und Kochen für wechselnde Luftfeuchtigkeiten. Die Heizung wirkt je nach Typ, ausgleichend oder verschlechternd.

Mit der heute überwiegenden Konvektorheizung wird die klare saubere Luft verheizt. Erst mit der Strahlungsheizung und Vorlauftemperaturen von ca. 26 Grad kommen wir den 100% näher.

Das heißt, der Mensch kann:
- sich wohlfühlen
- sich erholen
- gesund schlafen
- Energie tanken
- Kinder gedeihen lassen
- sein Geld in solche Häuser gut investieren
- diese Häuser immer verkaufen und vererben

- diese Häuser vorzeigen
- immer Umbauen und durch Anbau erweitern
- das Haus, seine Baustoffe guten Gewissens der Erde zurückge-
ben

Text 13: Der Planer und der U-Wert effektiv

Die wohl schwierigste Aufgabe von Bauwilligen ist einen Architekten und Planer zu finden, der nach dem U-Wert-effektiv denkt, plant
und bauen läßt.

Da dies die komplette Ausnahme ist, muss zuerst der politische
und gesellschaftliche Wandel geschehen. Alle Bücher, die ich im
Literaturverzeichnis angebe sind Grundlagen für Ihr Vorhaben. Viele Bücher zitiere ich in diesem Buch.

Als Bauherr können Sie mit Hilfe dieses Buches den Planer überzeugen. Sie sollten sehr kritisch und konsequent auftreten. Planer
und Architekten haben 100%ig ein einwandfreies Haus zu planen
und abzuliefern! Sie müssen Ihnen nachweisen, dass das geplante
Haus nicht in der **Bauschadensfalle** stecken bleibt. Das geht nur
mit dem 100% Massivbau nach dem U-Wert effektiv und dem Erif-
lol®-System.
Wenn ich als Maurermeister den U-Wert und U-Wert effektiv erklären kann, dann können Sie es erst recht von einem studierten Architekten und Planer verlangen.

Text 14: Der Weg zum Architekten

Meine Bücher bilden eine Grundlage zu Ihrem 100%-Haus. Damit
Sie zu einem 100%-Haus kommen ist es Voraussetzung über die
Grundsätze bescheid zu wissen.

Der Architekt und das Bauamt müssen Bescheid wissen:
- über das Gebäudeenergiegesetz (GEG), welches die Wirtschaftlichkeit fordert
- über das unwirtschaftliche U-Wert-Bauen und das U-Wert Effek-
tivbauen

- über das Sondermüllbauen
- über Bauschadensfallen durch verordnetes Bauen
- über ihre kommende Haftung jedes einzelnen

Die meisten Menschen denken immer noch, wenn Sie heute neu bauen wollen, bekommen Sie ohne Dämmstoffkonstruktionen oder Einbau von Dämmschichten keine Genehmigung. Die meisten Architekten und Bauämter wissen nichts über die Grundsätze, wie den § 25 Befreiungen der Energieeinsparverordnung (EnEV), heute GEG, den U-Wert-effektiv oder dem ERIFOL®-System.
Die meisten Bauwilligen haben einen Architekten in der Familie oder im Freundeskreis. Es ist klar, dass es für alle Beteiligten unbequem werden kann, wenn man freundschaftlich oder gar verwandtschaftlich verbunden ist.
Viele Architekten werden abwinken und wollen nichts vom funktionierenden Bauen wissen. Das wäre gleichzeitig auch ein großes Eingeständnis für eigenes jahreslanges Falschplanen!
Deswegen wird dieses Buch mit dem Erifol®-System das Volk aufwecken, welches das **100%-Haus** fordert!

Wenn Sie als Bauherr informiert sind und mehr wissen, als der Architekt oder das Bauamt, dann können Sie für das Bauen von Morgen viel in Bewegung bringen.

Die Nutzungsdauer, die bei der wahren Wirtschaftlichkeitsberechnung zu Grunde gelegt werden muss, liegt beim Altbau bei 10 Jahren und beim Neubau bei 20 Jahren. Das ist die wichtigste Grundlage für eine ordnungsgemäße Wirtschaftlichkeitsberechnung. Eine DIN A4 Seite reicht dafür aus!

Text 15: Neubau oder Altbau

Es klingt ungewöhnlich, so wie das ganze Buch sehr ungewöhnlich mit dem Bauen umgeht. Ein kompletter Gegensatz zu dem was Sie heute im Mainstream gezeigt bekommen oder von Architekten und Energieberatern erfahren. Wenn Sie das Buch durcharbeiten, dann werden Sie diesen Fachleuten mit äußerster Vorsicht begegnen. Das gilt gerade im Freundes- und Verwandtschaftskreis.

Kaufen Sie kein gedämmtes Haus!
Sie haben alle Beweise in meinen Büchern, auf der Website oder im Youtube-Kanal: „Bau TV Richtig Bauen"!

Mein Buch wird Sie davon überzeugen, dass Sie neu über das Funktionieren von Häusern nachdenken müssen. Die Wertigkeiten oder Immobilien-Bewertungen verdrehen sich in Wirklichkeit um 100 Prozent.

Nicht DICHT kaufen, sondern DIFFUSIONSOFFEN
war für mich vor 2 Jahren!!!
Heute, mit dem ERIFOL®-System, können nur dichte Häuser in Verbindung mit der Temperierung funktionieren!

Einen Neubau der letzten 10-20 Jahre bekommen Sie kaum ungedämmt! Dementsprechend ist der Immobilienpreis viel zu hoch! Die Bauschadensfallen sind unkalkulierbar und kommen garantiert.

Es lohnt sich in gewachsenen Orten alte Häuser anzusehen, die wegen ihrer niedrigen Bewertung sehr viel günstiger sind als gedämmte Häuser! Außerdem stehen sie in gewachsenen Orten. Die Neubaughettos mit den Handtuchgrundstücken besitzen keine Baukultur! Leider werden aus Unwissenheit viele noch gut funktionierende Häuser abgerissen und durch Dämmkisten ersetzt.

Meistens hindern sichtbare Putzausblühungen und Feuchtigkeitsprobleme eines Hauses am Kauf. Diese bekommt man aber recht einfach in den Griff, wie später aufgezeigt.

Für mich ist die Frage Neubau oder Altbau schnell beantwortet. Der Altbau zeigt, ob er schon Jahrzehnte sichtbar funktioniert. Heute wohl gemerkt!
Alte Häuser, in denen die Keller kein sichtbares drückendes Wasser von außen haben, bekommt man heute einfach entfeuchtet. Dazu später ausführlich. Viele Menschen kommen zu uns mit Neubauwünschen, ob aus Holz oder Stein, die keine Dämmstoffe in ihre Häuser haben wollen.
Wenn das Dach noch in Ordnung ist und Sie keinen schnüffelnden Schornsteinfeger haben, dann kann der Dachausbau schnell, na-

türlich und kostengünstig mit der hinterlüfteten Vollholzdämmung oder einer anderen hinterlüfteten Konstruktion ausgeführt werden.

Ich versuche in all den Jahren, meiner nunmehr 16 Jahren Baurevolution, dass ich das Bauen unser Haus allseitig sehe. Volker Hinz vom Erifol®-System hat immer wieder angemahnt, dass bei starker gleichmäßiger Sonneneinstrahung mit hohen Temperaturen, es in der Hinterlüftungsebene einen Wärmestau geben kann. Dadurch würden dann doch wieder höhere Temperaturen in die Räume des Dachgeschoßes kommen.
Da hatte ich ihm immer wenig entgegen zu setzen, weil uns einfach auch die Messmöglichkeiten dafür fehlen.
Geldgeber oder Universitäten, welche sowas voran bringen würden, haben sich bis heute nicht gefunden.
Da für mich immer noch das natürlichste Bauen im Vordergrund steht, lasse ich trotz des Erifolsystems diese Bilder im Buch. Denn, wenn die Freie Energie kommt und Energiekosten in den Keller gehen oder nichts mehr kosten, wovon ich überzeugt bin, dann können Menschen selbst entscheiden, für welche Konstruktion sie sich entscheiden.

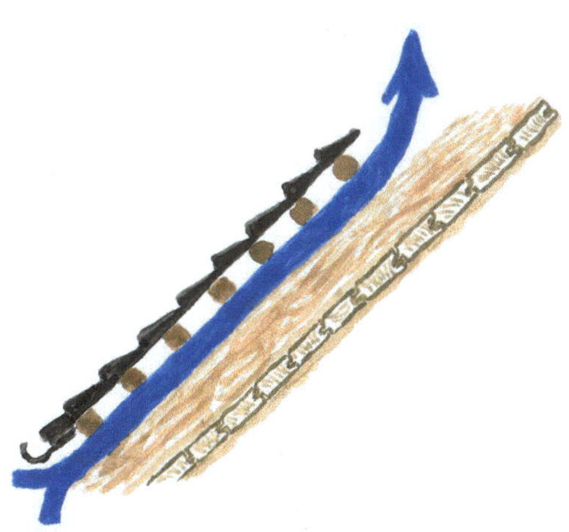

Bild: Jaskulski - Planungsmöglichkeiten - Blauer Pfeil ist Hinterlüftungsebene - natürliche Dachkonstruktiom ohne Folie

Was aus meiner Sicht von oben auf unser Haus wichtiger ist, sind die Möglichkeiten, welche wir heute haben. Da ist das Erifol®-System zur Zeit unschlagbar. Denn immer mehr Menschen müssen in den Obergeschossen ihrer Häuser Klimageräte aufstellen, weil sie sonst vor Hitze im Sommer kaum schlafen können.

Text 16: Hausbesitzer von gedämmten Häusern!

Herbst 2022! Die Grünen wollen, dass wir unsere Häuser noch dicker einpacken und die meisten Menschen machen mit. Aber immer mehr Menschen merken oder wissen mittlerweile, dass ihr gedämmtes Haus nur wenig wert ist!

Mit dem Erifol®-System können ganz neue Wand- und Dachkonstruktionen geplant und sehr leicht von Hausbesitzern umgesetzt werden. Denn die Erifol®-Experten planen die Wärmedämmung von innen, inklusive der paralleldurchströmten Temperierung, wassergeführt!
Denn die meisten Gebäude haben wassergeführte Heizungen, welche sehr einfach auf die Temperierung umgerüstet werden können!
Diese Herangehensweise, wo sich Menschen danach sehr wohl fühlen in den gedämmten Häusern, führt automatisch zu besseren Wert des Gebäudes.
Eigentümer oder Wohngesellschaften von Mehrfamilienhäusern können ihre hohen Energiekosten erheblich mit dem Erifol®-System senken und den Menschen den Wohnkomfort erheblich steigern. Das kann dann sogar ohne Mieterhöhung stattfinden, weil die Wohnnebenkosten sinken!

Viele Menschen, die ich in den letzten Jahren beraten habe, können einfach nicht wie sie wollen. Manche werfen das Handtuch, weil sie die verordneten Dämmmaßnahmen, die von Handwerkern ungeprüft verkauft werden, nicht beauftragen und bezahlen wollen!

Jeder Hausbesitzer, der von Energieberatern, Architekten oder Immobilienmaklern ein gedämmtes Haus angedreht bekommen hat, kann jetzt nur noch versuchen es zu verkaufen. Wenn er aber

weiß, dass er dem Käufer ein schlechtes Haus andreht, wie geht es ihm damit?
Das war vor 2 Jahren. Mit dem Erifol®-System verändert sich alles! Diese 2.Auflage des 100% Hausbuches bekommt nun den Wert, welchen ich mir schon vor 2 Jahren gewünscht habe!
Ich schreibe es, aber unter großer Mitwirkung der Erifolmenschen!

Ich weiß wovon ich spreche, da ich zwei eigene Häuser gekauft und wieder verkauft habe. Das erste Haus bewohnten wir 20 Jahre und verkauften es für einen Neuanfang. Das alte neue Haus, musste kurz nach dem Kauf wieder verkauft werden, weil die Scheidung alle Träume zunichte machte. Diese überaus verrückten und schweren Jahre musste ich gehen, damit ich meine Bücher schreiben konnte.

Ich konnte mir vor zehn Jahren nicht vorstellen, dass ich nochmal Miete bezahlen werde. Jetzt ist es für mich die beste Lösung, bis sich das Bauen grundlegend verändert hat. Ich sehe ja, welche wunderschönen Veränderungen ich zwischen dem ersten 100% Hausbuch und der jetzigen Auflage erleben kann.
Es gibt im Leben genug Entscheidungen, die getroffen werden müssen, weil es keine andere Lösung in der jeweiligen Zeit gibt! Heute ist so eine Zeit, in der alles auf dem Prüfstand steht! Bauen, Gesundheit und Ernährung, alles stellt sich auf den Kopf, vor allem auch das, was uns über Jahrzehnte verschwiegen wurde.

Text 17: Immobilienmakler und Wertanlage

Ich bereite mit diesem Buch den Immobilienmaklern nun entgültig den Nischenplatz im Immobilienmarkt vor! Vor 2 Jahren war die Immobilienblase schon so aufgebläht, als würde sie bald platzen. Heute gärt es in dem Bereich gewaltig. Wenn Immobilienmakler vom 100% Bauen wüssten, dann würden sie ihre Dämmkisten mit dem Hinweis auf das Erifol®-System ganz anders verkaufen!

Jeder, welcher heute als Makler mit dem Verkauf der Häuser Geld verdient, muss die Grundkenntnisse über Hauskonstruktion und Heizung verstehen. Der Spruch, "Gekauft, wie gesehen!", wird nicht mehr lange gelten. Es wird viel mehr um Ehre, Anstand und Seriösität gehen.

Denn nur wenn diese alten Häuser von einem Makler angeboten werden, ohne Sondermüll und Bauschadensfallen, zeigt das die Seriosität und das Bauwissen des Maklers an. Mit dem Verkauf solcher Immobilien und dem Inhalt meines Buches, liefert er die Baulösungen für das Haus gleich mit. Das kann für jeden Makler ein schnelles und wahrhaftiges Alleinstellungsmerkmal in jeder Stadt bedeuten!
Es ist nur eine Frage der Zeit bis die Werte der Dämmhütten ins Bodenlose fallen. Heute werden neue Niedrig-, Passiv- oder Plus-energiehäuser in Massen verkauft, damit das Betongeld noch schnell und **„sicher"** angelegt werden kann.

Text 18: Energieberater - Wärmebildkamera und Studenten

Die meisten Energieberater werden von der **U-Wert-Klima-Dämm-Politik** ausgebildet. Von Bildung kann nur wenig die Rede sein. Wie ich auch schon ausführlich in meinem zweiten Buch beschrie-ben habe.
Es sind staatlich ausgebildete Lobbyberater, die Ihnen mit Ihrer Wärmebildkamera aufzeigen, dass Ihr Haus gedämmt werden muss. Ein wichtiger Verkaufssatz kommt gleich hinterher! „Dann bekommen sie auch Zuschüsse vom Staat durch die KfW-Bank"! Aber nur wenn sie unser komplettes Vollprogramm bestellen.
Die Berater geben irgendwelche Größen in den Laptop ein, dann werden umfassende Energiesparmaßnahmen am alten Haus fällig, die sich nie rechnen werden. Denn 10 Jahre Nutzungsdauer, wel-che die Obergerichte festgelegt haben, sind die Grundlage für die Wirtschaftlichkeitsberechnung, die nach dem Gebäudeenergiege-setz (GEG) gefordert wird.

Es ist wie bei den Immobilienmaklern! Energieberater sind für nichts haftbar zu machen. Denn von Handwerkerfirmen kommen die Angebote und Sie als Hausbesitzer oder Bauherr geben **Ihre Unterschrift** unter den Auftrag.

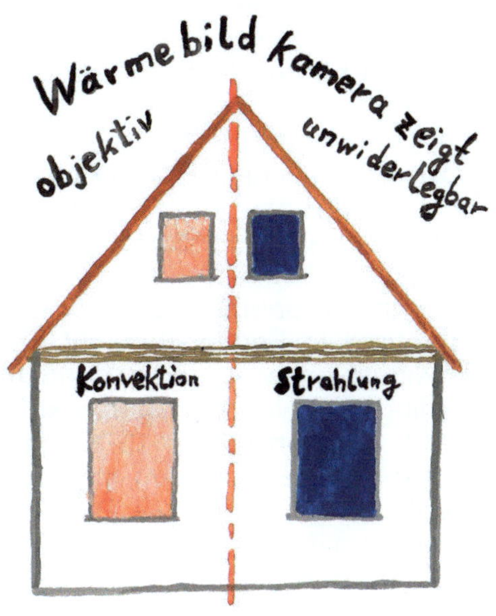

Bild: Jaskulski - Alles läßt sich beweisen, was den Menschen
hilft - Leider zeigen die Wärmebildkameras überwiegend die
roten Scheiben - Den Beweis bringt rechts Erifol®-System!

Jeder Student kann sich einen Block und bunte Stifte nehmen und
diese Skizze dem lehrenden Professor vorlegen. Was geschieht
dann? Wird die grundlegende Theorie angenommen oder wird er
von dem Lehrenden zur Ordnung gerufen?
Wenn der Student irgendwann mal wahrhaftig arbeiten möchte,
dann muss er als angehender Heizungsingenieur durch seine eigene Klärung durch, Wahrheit oder Auswendiglernen?
Er hat das Recht von seinem lehrenden Professor, dass er eine
wahre und nachvollziehbare Antwort bekommt.

Kapitel III: Grundlagen zum 100% Haus

Text 19: Die Grundlage bildet die bewährte Baugeschichte und alte Fachbücher

Wir Menschen wollen die höchste Entwicklungsstufe erreicht haben, sind aber nicht in der Lage, dass wir den Menschen funktionierende und guttemperierte Häuser bauen.

Es gibt eine Geschichte von Baufachbüchern.
Ab ca. 1940 sind sehr gute Fachbücher auf dem Markt, die das 100%-Haus beschreiben, erklären und aufzeigen wie das erreicht werden kann. Allerdings nur von der Baukonstruktion her. Es gibt neuere Fachbücher(4), wie von Eichler 1975 über bauphysikalische Prozesse. Viel besser kann es mit dem menschlichen Geist wohl nicht erklärt werden! Ich besitze dieses Buch seit vielen Jahren. Erst seit ich mich selbst mit dem 100%-Haus fordere, vertiefte ich mich in dieses Buch. Viele Textstellen werde ich Ihnen hier wiedergeben, die ihresgleichen suchen.

Paul Bossert (7) der Baukritiker aus der Schweiz hat 25 Anforderungen an eine Außenwand sehr nachvollziehbar behandelt.

Prof. Claus Meier (5) mit seinen Büchern, „Richtig Bauen" oder „Phänomen Strahlungsheizung" hat einen sehr großen Anteil an meinem Wissen und ebnete er mir den Weg zum 100%-Haus-Denken im Allgemeinen.

Alle Menschen dürfen nun das 100%-Haus verlangen.

Der Bauunternehmer hat die Pflicht das 100%-Haus zu liefern!
Der Kunde muss den angemessenen Preis für ein 100%-Haus bezahlen!
Der Preis wird viel niedriger sein, ohne Bauschadensfallen,
als ein verordnetes Haus im Dämmbaustil
mit falscher Konvektionsheizung!

Ich werde einige wichtige Bücher zitieren, die damals im Osten und im Westen Deutschlands erschienen sind. Die 100%-Bausprache wird seit 60-70 Jahren beschrieben, so dass sie jeder verstehen kann.

Viele Bauexperten sind sich einig, dass um 1900 die besten, weil einschaligen Wohnhäuser gebaut wurden. Die Einfamilien- oder Mehrfamilienhäuser im Jugendstil mit ihren dicken gemauerten Außenwänden sind heute noch die Hingucker in vielen Städten des Landes.

Die Bauweise mit hohen Räumen, Holzbalkendecken und den Rippenheizkörpern, sind für den hohen Wohnkomfort verantwortlich und sehr beliebt. Nur darum geht es! Wie und in welchen Wohnhäusern fühlt sich der Mensch geborgen und wohl? Allerdings wissen diese Menschen noch sehr wenig über die wohltuende Temperierung!

Welche Außenwände erfüllen die Physik in allen Richtungen? Das heißt, in unseren deutschen Breiten, muß die Wandkonstruktion mit Feuchtigkeit immer und zu jeder Zeit umgehen können!

Seit der großen Industrialisierung im Bauwesen, wird mit unzähligen „neuen" Baustoffen versucht, dass das Bauen für die Handwerker und Kunden einfacher zu machen. Schneller fertig werden und noch funktionierender sollte es auch sein!
Seit wenigen Jahren hat sich die schlimmste Anforderung in unser Leben geschlichen! Das Klima soll ausgerechnet durch das Bauen gerettet werden!

Ausschließlich durch geringe Heizkosten und die Heizkosteneinsparung!

Das Menschen in den Häusern wohnen müssen, wird dabei leider vergessen und ist der Politik und Industrie völlig egal. Das Ziel ist kläglich verfehlt worden, dass das Klima mit dem Heizkostensparen gerettet werden kann. Die Heizkosten wollen unter dem Strich einfach nicht fallen! Daneben kommt, dass die Kosten für das Hausbauen hochgradig unwirtschaftlich sind und in Höhen gestiegen sind, die sich kaum noch jemand leisten kann.

Weiter gilt es festzuhalten, dass die Bauschäden ins Uferlose steigen und dass die Planer und Handwerker total überfordert sind. Dabei werden die Handwerksfirmen im Geldverdienen so gedrückt, dass zwangsläufig die Qualität auf der Strecke bleiben muss.
Die Bauschäden kosten uns jedes Jahr mehrere Milliarden. Feuchtigkeitsschäden nehmen immer mehr zu und der Schimmel wächst in unseren Häusern wie er will!

Eine kritische Betrachtung des Bauzustandes findet in der Öffentlichkeit überhaupt nicht statt. Ich frage mich, was die Universitäten wissenschaftlich leisten? Die Bauschäden und die klagenden Kunden nehmen immer mehr zu. Die Gerichte sind dabei mit unseriösen Sachverständigen total überfordert und kommen dadurch zu fragwürdigen Urteilen. Da ist es ein wahrer Segen für die Betroffenen, wenn Diplom-Ingenieure, wie der Sven Georgi, nach dem Diplom sofort in die Sachverständigentätigkeit gewechselt sind. Wegen Sturmschäden werden sie gerufen und finden die Feuchtigkeitsprobleme in den Dämmkonstruktionen. Durch ihre Aufmerksamkeit für alle Baubereiche erkennen sie ganz nebenbei, was durch Unwissenheit in der Physik zu Stande kommt.

Mit diesem Buch schaffe ich die Grundlage für das funktionierende Bauen. Ich gehe einfach mit den alten Baufachbüchern zurück auf den Anfang. Ich zitiere jetzt Bücher, Sätze und Anmerkungen die jeder Mensch mit gesundem Menschenverstand versteht. Damit bekommt der Mensch und vor allem auch der studierende junge Mensch Klarheit über die Grundlagen das funktionierende Bauen. **Ich zitiere alles in *Kursivschrift*.**

Text 20: Wärmedämmung im Westen auf dem Prüfstand

Heute gilt nur noch, was gerechnet wird. Das Bauen wird nach wie vor nach dem theoretischen U-Wert gerechnet. Dieser Wert wird dagegen ausschließlich **im Labor** erreicht. Häuser stehen jedoch immer **im Freien** und sind **immer** wechselnden Bedingungen ausgesetzt. Das ist logisch! Menschen tragen Titel und wollen davon nichts wissen!

Schon vor **60-70 Jahren** wurde darauf hingewiesen, was bei Dämmstoffen zu beachten ist!

Im Fachbuch: „Baustoffkunde von Wendehorst von 1950" (2) steht unter *„Dämmstoffe und Leichtbausteine in Grundlagen für Wärme- und Kälteschutz folgendes: „Die Wärmeleitzahl bezeichnet die Wärmemenge, welche in 1 Stunde durch 1 qm einer 1 m dicken Schicht eines Stoffes hindurchgeht…Bei der Ermittlung durch Versuch, sind für Dämmplatten, die **lufttrocken** sein müssen…"*
„für Dämmplatten, die lufttrocken sein müssen…"! Wenn sie feucht werden müssen sie wieder trocken werden! Genau das kann nie gewährleistet werden! Wo ist dafür der Nachweis?

In der "Baukonstruktionslehre von 1951" (3), steht bei Wärmeschutz der Wände, *„Die Wärmeleitzahl…steigt mit dem Wärmestand, dem Raumgewicht und dem **Feuchtigkeitsgehalt** des Stoffes. Je feinporiger und trockner ein Stoff ist, desto geringer ist das Wärmeleitungsvermögen. Zur Ausfüllung von Hohlräumen in Wänden dürfen daher keine Stoffe verwendet werden, die **Feuchtigkeit** aufnehmen, also kein Torfmull und Sägemehl. **Glas und Schlackenwolle** sind nur dann zu empfehlen, wenn sie wasserdicht mit Bitumenpappe oder ähnlichen Stoffen umhüllt sind."*

Was heißt das für die heutigen Dämmschichten, welche überwiegend mit Mineralwolle oder Steinwolle hergestellt werden? Können sie mit Feuchtigkeit umgehen?

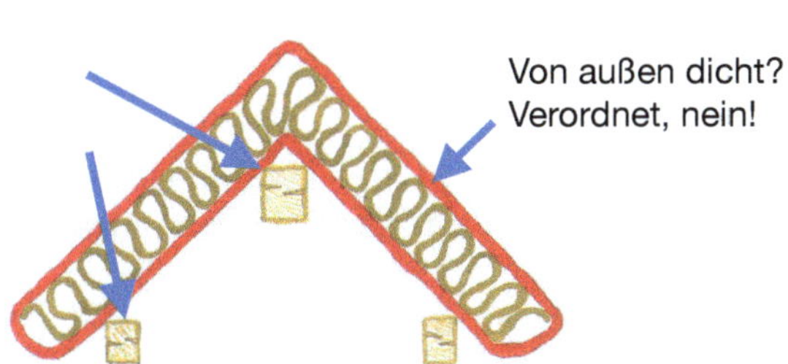

Gemalt: Jaskulski - Wird heute die Mineral- oder Steinwolle im Dach wasserdicht eingepackt? Niemals, daher keine Gewähr!

Durch ständige Diffusionsvorgänge wird automatisch Feuchtigkeit in die Dämmstoffebenen transportiert bzw. in diesen eingelagert.
Das technische Wort heißt diffundieren, also eindringen oder verschmelzen. Diese Feuchtigkeitseinlagerung ist heute das größte Problem in den Dämmkonstruktionen! Warum?
Weil sich grundsätzlich immer im Wechsel von Winter und Sommer die Diffusionsrichtung je nach Temperatur und Luftfeuchtigkeit ändern kann.
Von innen wird in den Dachgeschoßausbauten eine dampfdichte Ebene vorgeschrieben und von außen nicht! Warum?
Im Winter kommt der Dampfdruck von innen!
Aber im Sommer kommt der Dampfdruck eher von außen!
Dabei drückt der Dampf im Sommer in die Dämmschicht bzw. Dämmkonstruktion!

Wer gibt die Garantie, dass die Feuchtigkeit bis zum Winter aus der Dämmkonstruktion wieder raus ist? Zu 100 Prozent! Niemand, und der Kunde erfährt es meistens Jahre später!

Hier noch eine ganz klare Forderung aus dem Baustoffkundebuch(2) von **1950**, *„Mehr Kenntnis der Baustoffe!“, heißt eine seit Jahren immer wieder gestellte Forderung. Mit vollem Recht, denn durch fehlerhafte oder falsch verarbeitete Baustoffe wird der Bestand eines Gebäudes in hohem Maße gefährdet.“*

Und hier noch eine ernsthafte Forderung an die U-Wert-Rechner!
„Überhaupt ist die richtige Auswertung der stofflichen Eigenschaften in Konstruktion und Verarbeitung die Voraussetzung für die Gültigkeit der rechnerischen Ergebnisse.“

Wenn eine Auswertung in der Konstruktion stattfinden würde, hätten wir heute kein U-Wert-Bauen mehr und viel weniger Bauschäden!
Liebe Mitmenschen, es geht nicht um paar Euros, sondern um fünf- oder gar sechsstellige Beträge, um die Bauschäden zu beheben.

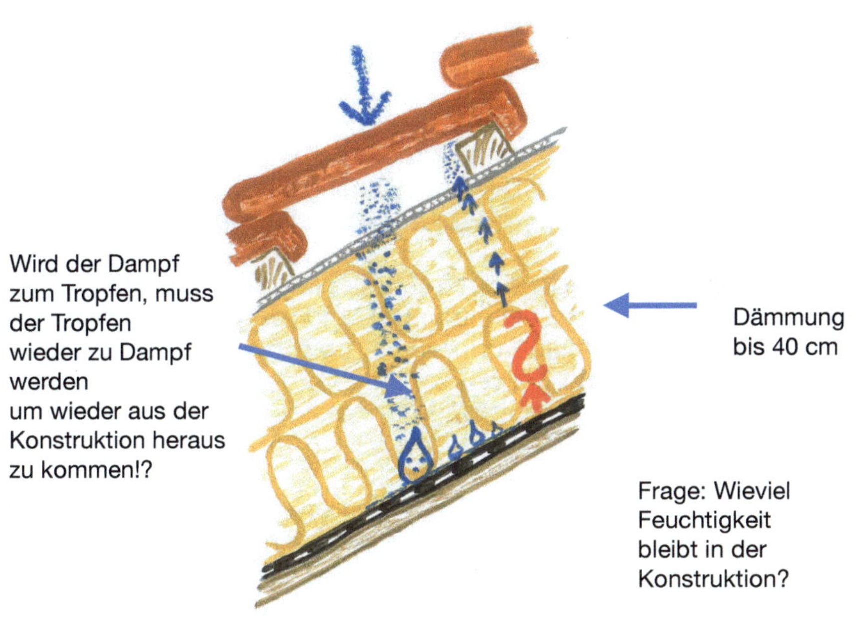

Gemalt: Jaskulski - Dampfdiffusionsfeuchtigkeit im Sommer in die Konstruktion und bis zum Winter wieder raus?

Für den Bautechniker oder angehenden Ingenieur ist es überaus wichtig, dass er sich über das Folgende ernsthafte Gedanken macht. *„Über Kennzahlen, Eigenschaften, Fehler, sachgemäße Verarbeitung und Wirtschaftlichkeit der Baustoffe müssen dagegen Entwurfsbearbeiter und Bauführer genau unterrichtet sein. Weiter soll der Studierende lernen, alle für die Baustellenpraxis geeigneten Untersuchungen und Prüfungen mit **möglichst einfachen Mitteln** auszuführen, und er muß wissen, wie er der Zerstörung verbauter Stoffe, die das Volksvermögen alljährlich durch ungezählte Millionen schädigt, vorbeugen kann."* Vor 70 Jahren standen schon diese warnenden Texte in Baufachbüchern. Damals wird von Millionen Schäden geschrieben, heute sind es Milliarden bis zum Totalverlust.

Meistens besinnen sich Menschen, wenn sie mit einem Sondermüllhaus auf die Nase gefallen sind und fangen an, dass sie hinterfragen.
Geeignete Untersuchungen und Prüfungen der Dämmstoffe können sehr einfach ausgeführt werden, wie wir im Youtube-Kanal: „BauTV Richtig Bauen" aufzeigen. Damit bekommt der Profi und der Bauherr sehr einfach ein Gefühl, was sich beim Dämmen abspielt.
Mit dem ersten 100%-Hausbuch 2020 bekamen die Bauherren, aber auch die Baufirmen, alles an die Hand, damit sie endlich richtig hinterfragen und bauen können. Nun bin ich in 2022 selbst mit dem Erifol®-System und der paralleldurchströmten Heizung theoretisch und praktisch an einem Punkt angekommen, welchen ich nie für möglich hielt.
Oder doch!
Immer weiter gehen und wir merken immer mehr, dass wir geführt werden. Solange wir die Wahrheiten in allen Bereichen suchen, begegnet sie uns immer stetiger. Wir brauchen uns nur mit unserem Geist öffnen. Das sind innere Erfolge, welche nicht mit Geld erreichbar sind. Auch die Erifol®-Experten können ein Lied davon singen, dass sie ohne große Werbebudgets ans Ziel kommen.

Text 21: Wärmedämmung im Osten auf dem Prüfstand

Bevor ich zum 100%-Haus komme, müssen wir noch einiges über bauphysikalische Prozesse durcharbeiten. Denn die Abkehr vom U-Wertbauen habe ich mir nicht ausgedacht. Besondere Charaktermenschen haben mich inspiriert, dass ich in die Tiefen der "Bauphysik" vordringe. Dadurch bekam ich die richtigen Fachbücher in die Hände.
Zuerst schaffen wir das Wort "Bauphysik" ab. Das Wort gibt es erst wenige Jahrzehnte und wir können sehen wohin uns das Bauen die letzten Jahre geführt hat. Kehren wir wieder ganz einfach zur Physik zurück, so wie es auch Volker Hinz immer wieder beschreibt. Ganz einfache und verständliche Physik. Da wir unabhängig sind,

können wir den U-Wert und den U-Wert effektiv, ganz einfach und verständlich für alle Menschen erklären. Dann wird für jeden Menschen verständlich, das U-Wert-Effektivbauen der einzig richtige Bau-Haus-Weg ist!

Auch im damaligen Osten wurde der Wärmeschutz genau unter die Lupe genommen. Im Buch der praktischen Wärmelehre im Hochbau 1964, von Dipl.-Ing. Friedrich Eichler oder in seinem noch besseren Fachbuch (4) „Bauphysikalische Entwurfslehre" über Konstruktive Details des Wärme- und Feuchtigkeitsschutzes 1975, wird auch der interessierte Laie sehr schnell zu ausreichenden Erkenntnissen kommen!
Im täglichen Leben gibt es unzählige physikalische Vorgänge, welche wir Menschen an uns selbst feststellen oder an Gegenstände, wie das Auto. Gerade jetzt im Herbst beschlagen wieder die Scheiben der Autos oder wir ziehen uns wieder wärmer an! Jeder kann kurz nachdenken, wie die Temperaturen am vorigen Tag waren und wie der Himmel in der Nacht bedeckt oder klar war.

Vor allem der „Baufachmann" und der „Baulehrer" von heute muss sich genauestens, objektiv und neutral, ohne irgendwelche Milliarden im Rücken informieren, lernen und danach anders handeln!

Vor über 40 Jahren gab es schon viele bauphysikalische Schäden, die folgende Ursachen hatten:
- *„zu knappe Bautermine;*
- *Einführung neuer Bauweisen, Erfindungen, Technologien und Werkstoffe ohne ausreichende Langzeiterprobung (wieder Zeitknappheit) und ohne entsprechende Schulung der beteiligten Arbeitskräfte;*
- *Unkenntnis bauphysikalischer Gefahren, verursacht durch Temperaturspannungen, Temperaturveränderungen, Feuchtigkeitseinwirkungen, dadurch bedingte Formveränderungen, erzeugte Spannungen, ausgelöste Korrosions- und Erosionsprozesse;*
- *Fehlerhafte Verarbeitung neuer Dichtungs- oder Dämmstoffe, deren Funktion in hohem Grade von ihrem gewissenhaften Einbau abhängt, entweder wieder aus Zeitnot oder aus Mangel an geschulten Fachkräften."(4)*

Immer wieder die gleichen Probleme, ob früher oder heute. Bauphysik, Zeitdruck, immer neue Produkte und fehlendes Fachwissen! Die folgende Zusammenfassung bringt die damalige und die heutige Bauproblematik auf den Punkt!

„Die industrielle Bauweise zeigt neben hervorragenden Leistungen, die nicht zu übersehen sind, in allen Ländern typische Schwächen, die letzten Endes dadurch bedingt sind, daß bei der Herstellung der Bauelemente gleichzeitig statische, baustofftechnische, bauphysikalische ,ökonomische und technologische Probleme aufgeworfen werden.

*Oft stehen bauphysikalische und fertigungstechnische Forderungen gegeneinander. Elemente, die auf einfache und kostensparende Weise herstellbar sind, befriedigen bauphysikalisch meist nur wenig oder enthalten in der Grundkonzeption **bauphysikalische Widersprüche**, die zunächst zugunsten einer wirtschaftlichen Fertigungstechnologie unbeachtet bleiben, in **der Praxis aber später in Form von Schäden zutage treten**.“(4)*

Im vereinten Deutschland haben wir genau durch dieses Verhalten eine Bauschadenslandschaft, die nicht mehr hinzunehmen ist.

Das betrifft vor allem den Fertighausbau. Die überwiegend in Werkhallen vorgefertigten mehrschichtigen Wanddämmkonstruktionen lassen viele bauphysikalische Fragen unbeantwortet. Da werden ausschließlich die wirtschaftlichen Vorteile angepriesen und das solche Häuser schnell fertig werden. Der Einzug des Menschen kann zwar sehr schnell gehen, aber das lange Leben ohne gravierende Bauschäden solcher Risikokonstruktionen bleibt überwiegend aus. Siehe Okalhäuser von früher!
Heute haben wir Wandkonstruktionen von über 40 cm Dicke mit vielen Lagen sehr fester Holzfaserplatten innen und außen. Zusätzlich noch 20 cm dicke Mineral- oder Steinwollplatten.

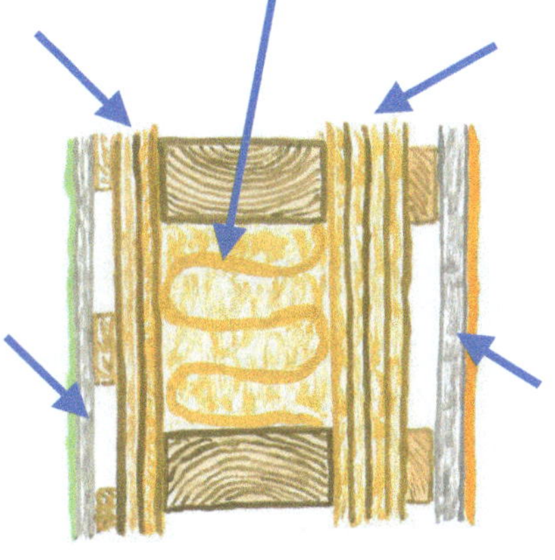

Gemalt: Jaskulski - Fertighauswand gesehen im Fertighauspark in Langenhagen bei Hannover, ca. 40 cm dick! Das System und die Baustoffe können nicht mit Feuchtigkeit umgehen. Ca. 16 cm feste Speicherplatten! Wie funktioniert das System bauphysikalisch?

Bei richtigem Physikwissen über die Speicherfähigkeit von Baustoffen, würden solche Konstruktionen nie realisiert werden. Denn die Speicherfähigkeit der festen Platten in der Konstruktion, die zusammen schnell 15-20 cm dick sein können, übernehmen die Speicherung der Wärmeenergie von dem Wärmeeintrag von außen durch die Sonne und der Solarstrahlung, sowie von innen durch die Heizung. Wir sollten das Wort Dämmung abschaffen. Denn damit ist die Mineral- und Steinwolle oder das Polystyrol (Styropur) gemeint.
Wenn wir aber von Heizung sprechen, sprechen wir überwiegend von Konvektion, wo die Luft erwärmt wird.

Mit meinen Behauptungen kommt an der Stelle der Aufschrei der sehr mächtigen Fertighausindustrie! Aber ich gehe in dem Buch noch etwas weiter. Denn es sind Fachbücher, die seit Jahrzehnten allen Menschen zugänglich sind. Ich habe all die Bücher auf Flohmärkten oder in Antiquariaten erstanden. Sie sind die Grundlage dafür, dass ich Richtung 100%-Haus denken kann! Jeder mit gesundem Menschenverstand kann es!

„Obwohl die traditionelle Bauweise Jahrhunderte alt ist, kommen auch bei ihr immer wieder noch Fehler vor. Es ist deshalb kaum zu erwarten, daß Hochhäuser oder große Kompaktbauten, nach neuen, noch wenig erprobten Technologien industriell errichtet, völlig mängelfrei sind.

Hier ist es die Aufgabe des Bauphysikers, aus Schäden zu lernen, ihre Ursachen zu ergründen und verbesserte Konstruktionen oder Details zu entwickeln. Das aus dieser Tätigkeit entstandene Erfahrungsgut schlägt sich letzten Endes in Richtlinien, Standards und Vorschriften für das Bauwesen nieder."(4)

Das wurde **1975** aufgeschrieben!
Ist das in den letzten drei oder vier Jahrzehnten im deutschen Lande geschehen?

Das Gegenteil ist der Fall! Menschen haben ihr großes Geschäft gewittert. Schon damals ging mit der Bauqualität vieles durcheinander. Es fiel kaum auf, dass eine zweifelhafte Entwicklung in Gang kam, die uns heute auf die Füsse fällt. Das Festhalten am U-Wert, am U-Wert-Rechnen und am nicht Hinterfragen dürfen, beschert uns diese unzähligen Bauschäden.

**Wieviele 100 Milliarden Euro Bauschäden sind durch
das U-Wert-Bauen in den letzten
Jahrzehnten entstanden?
Wieviele 100%-Häuser hätte man damit bauen
können?
100 Milliarden Euro geteilt durch 200.000 Euro, denn mehr
braucht ein 100%-Haus nicht kosten,
= 500.000 Häuser! Eine Großstadt!**

Das Fachbuch (4) mahnt weiter an:
„Der Baufachmann muß sich ein bestimmtes Verständnis für bauphysikalische Prozesse erarbeiten, ein Thema, das nicht nur interessant, sondern zum richtigen Konstruieren auch unentbehrlich ist."

Es braucht viele Jahre bis ein Baufachmann diese physikalischen Prozesse versteht. Dazu gehört nicht nur die Theorie pauken und studieren! Der praktische Bezug, das Probieren und die Langzeiterfahrungen sind sehr wichtig, wenn der Planer an ein 100%-Haus herankommen will. Das werden wir im Laufe des Buches am „Heizen" noch zusätzlich erleben.

Schon damals wurden Prozesse in einem Gebäude unterteilt in:
- Wärmeschutz
- Wärmebedarf
- Wärmeversorgung
- Feuchtigkeitseinflüsse
- Bau- und Raumakustik, Schallschutz
- Lüftung und Klimatisierung
- Besonnung und Belichtung

Das sind die Bereiche, welche heute noch unter dem Begriff Bauphysik zusammengefasst werden. Damals wurde schon das Hauptaugenmerk auf die funktionellen Beziehungen zwischen dem Baukörper und den Heizungs- und Lüftungsanlagen gelegt. **Genau an der Stelle haben die Lobbyisten ganze Arbeit geleistet. Es sind viele Lobbyistengruppen entstanden, wo jede Lobbyistengruppe nur an sich denkt! Die sieben wichtigsten Prozesse im Gebäude wurden aufgeteilt und weiter unterteilt. Dadurch gibt es schon lange keine funktionellen Beziehungen mehr zwischen Baukörper und Heizungsanlage!**

Sonst gäbe es keine Konvektionsheizung in unseren Häusern mehr oder das Wort Dämmung würde nicht mehr mit einem Wärmedämmverbundsystem in Verbindung gebracht! Nur so konnte auch noch das Schimmelgeschäft entstehen. Der Dämmlobbyist schiebt es auf die Baukonstruktion. Der Malerlobbyist schiebt es auf den Fensterbauer oder Heizungsfachmann.
Schauen wir objektiv genau hin, könnte der Heizungsfachmann, wenn er denn sein Handwerk verstehen würde, der ganz große 100% Hausmacher sein. Wenn er die paralleldurchströmte Temperierung mit ca. 26 Grad Vorlauftemperatur verstehen würde, können die anderen Lobbyistengruppen einfach weitermachen, ohne dass dieser katastrophale Baustand erreicht oder aufgefallen worden wäre.

*„Der Einsatz von Lüftungs- und insbesondere von Kühlungsanlagen muß ökologisch gerechtfertigt sein. Die Aggregate sind in der Anschaffung und im Betrieb meist kostspielig; sie sind nicht dazu da, **bauphysikalische Mängel der Umfassungskonstruktion** zu kompensieren, die in den Projekten hätten vermeiden können."*

Genau das geschieht beim heutigen Bauen. Durch den Einbau von teuren Gebäudelüftungen, werden die **Fehler in der Dämmkonstruktion** kaschiert. Wer bekommt mit, dass die Konstruktionen auffeuchten und durchfeuchten?
Für alles gibt es heute **Revisionsöffnungen oder Sicherungsvorkehrungen!**
Was ist mit den Dämmkonstruktionen die zu 100 Prozent bauphysikalisch unsicher sind? Mit einer Revisionsöffnung könnten die Konstruktionen überprüft werden.

Nur durch die verordnete Kontrolllosigkeit werden die Dämmkonstruktionen so lange am Leben gehalten, bis Gebäude kollabieren. Ist das außerdem eine gezielte Maßnahme der Industrie, um die Gewährleistungszeit zu überstehen, damit die Wirtschaft immer weiter künstlich am Leben gehalten wird?

Es ist nur eine Frage der Zeit, von Jahren oder wenigen Jahrzehnten, bis der große Schaden an den Häusern sichtbar wird. Dabei sind wir auf jeden Fall in der Lage, dass wir Häuser bauen, die Jahrhunderte ohne große Reparaturen funktionieren.
Noch ein Wort über die heutigen Gebäudelüftungen. Gerade weil die Umfassungskonstruktionen nicht richtig geplant werden, wird dem Bauherrn von den Lobbyisten noch eine Gebäudelüftung mit der "klimarettenden" Wärmerückgewinnung verkauft. Alles Preisschleudern, die das falsche Dämmbauen eine Weile kaschieren. Bei diesen Anlagen werden überwiegend geriffelte Rohre in Wände und Decken eingezogen, welche regelrecht den Staub- und Mikrobenmüll anziehen und einlagern. Wenn wirklich saubere Luft eingeatmet werden soll, dann müssen diese Lüftungsanlagen jedes Jahr teuer gewartet und gereinigt werden.

Das klimagerechte Bauen hatte im Osten einen sehr großen Stellenwert, wie sich 1975 zeigt; *„Für den Hochbaustudenten ergibt sich die Aufgabe, klimagerecht zu bauen. Dies bedeutet, die Ein-*

*flussnahme des Bauwerks im Hinblick auf den **instationären Wärmetransport** so zu sichern, dass Lüftungs- oder Klimaanlagen überflüssig sind oder so klein wie möglich gehalten werden können. Allgemein bedeutet klimagerechtes Bauen für den Projektanten, das Bemühen um die **thermische Stabilität** des Bauwerks, die durch leichte Bauteile und durch zu große Verglasungen gefährdet wird."(4)*

Da stehen grundsätzliche Dinge für ein funktionierendes Bauen! **Instationärer Wärmetransport = U-Wert-effektiv,** also immer wechselnde Bedingungen in der Außenwand und im Dachgeschoß. Instationär ist U-Wert effektiv-Rechnen! Das ist sicher komplizierter als mit dem U-Wert rechnen, der nur im Labor erreicht wird. Daraus entstehen aber sichere 100%-Hauskonstruktionen!

Damit hätten unsere Studenten echte Aufgaben, die letztendlich Werte über Jahrhunderte erbringen können!
Instationäres Bauen also U-Wert-Effekivbauen mit der Temperierung macht die Gebäudelüftungsanlagen, wie sie heute eingebaut werden in unseren Wohnhäusern überflüssig.
Mit dem Bauphysiker Prof. Claus Meier habe ich viele Gespräche geführt. Immer wieder kamen wir auf die 100%-Haus-Theorie!

Heißt: Thermische Stabilität eines Hauses!

Thermische Stabilität erreicht ein Haus ausschließlich mit wärmespeichernden Baustoffen, in Verbindung mit einer Strahlungsheizung, besser Temperierung. Diese Heizung muss mit den geringst möglichen Vorlauftemperaturen betrieben werden!
Der Baustoff ist und bleibt der Ziegelstein! Er ist der einzige Stein, der über viele Kapillare verfügt und somit immer wieder entfeuchtet, wenn er gelassen wird. **Das heißt, wenn er von außen nicht dick mit Sondermüll überdämmt wird.**
Trockene Ziegelwände und eine gesunde Strahlungsheizung, sprich Temperierung, bringen die thermische Stabilität.

Durch das umfassende Wissen, welches die Menschen und Bauherren hier lernen, bekommen sie die Macht, dass sie das Bauen nachhaltig verändern. Vor allem für die nächsten Generationen.

Dieses nachvollziehbare Fachwissen müssen die heutigen lehrenden Uniprofessoren widerlegen können. Sonst stehen Aussagen gegen Aussagen von Fachleuten.

Sie, die Menschen, ob Hausbesitzer oder Mieter werden das funktionierende Bauen einfordern und von den Bauämtern genehmigt bekommen!

Hier noch weitere wichtige Forderungen an den Planer:

1. "Er kann den Einfluß meteorologischer, instationärer Wärmeeinwirkungen auf das Bauwerk vermindern, z.B. das letztere gegen die Sonneneinwirkung abschirmen.
2. Er kann die Thermostabilität des Raumes verbessern, eine merkbare Phasenverzögerung des Temperaturmaximums sichern und die Nachteile großer Verglasungen oder zu leichter Außenbauteile ausgleichen."(4)

Hier werden klare Anforderungen an den Planer gestellt! Heutige Planer, planen überwiegend mit dem stationären U-Wert, was grundlegend zu hinterfragen gilt. Früher war es ein ungeschriebenes Gesetz, das ein Wohnhaus mit einem schützenden Dachüberstand geplant wird. Das war nicht nur Sonnenschutz, sondern auch Regenschutz!
Heute sehen wir die Wohnhäuser überwiegend mit keinem Dachüberstand. Eine Blechabdeckung mit wenigen Zentimetern Überstand soll das Haus schützen! Dazu kommen die Stösse der Blechabdeckungen, wo zuerst die Schmutzfahnen und Veralgungen an einer gedämmten Fassade entstehen.
Warum? Weil in dem Bereich die Fassadenfläche länger feucht bleibt.
Unter Punkt 2. stehen wieder die Nachteile leichter Außenwandteile. Holzständerwerke mit ihren Dämmfüllungen sind solche leichten Außenwandteile. Genauso wie Dachdämmungen, die mittlerweile 40 cm Dicke erreicht haben. Die Dämmdicken auf Fassaden sind bei 30-35 cm angekommen! Sondermüll wohlgemerkt! Manche grüne Personen wollen noch auf 50 cm dicke, weiter entwickeln! Wenn diese Personen nicht gestoppt werden, geht noch mehr Volksvermögen verloren.

Bei den Holzständerwerken bzw. Fertigteilhäusern werden immer mehr Schichten mit Holzweichfaserplatten montiert. Dabei werden nicht die teuren Dämmschichten aus Mineral- oder Steinwolle eingespart.
Warum?

Es wird einerseits nicht verstanden, was wirklich zur Temperaturstabilität führt! Andererseits wird nicht hinterfragt, was in den einzelnen Schichten bauphysikalisch abläuft. Zusätzlich wird weiter gutes Geld damit verdient. So erhöhen sich die Kosten für den Bauherren immer weiter.

Kapitel IV - Bauphysikalische Prozesse
Ingenieur- und Baumeisterwissen

Text 22: Wärmeeinflüsse verstehen

In alten Fachbüchern wurden die Prozesse so gut aufgezeigt und erklärt, dass die heutige Ignoranz dieses Wissens völlig unverantwortlich ist. Die Diskrepanz zwischen heutigem nichtfunktionierenden U-Wertbauen und dem funktionierenden U-Wert-Effektivbauen ist groß und gefährlich! Gefährlich vor allem für die jungen Menschen oder nächsten Generationen, welche **zweifelhaftes Wissen** indoktriniert bekommen. Sie werden in eine ausweglose Richtung dirigiert, in der an einem gewissen Zeitpunkt keine Umkehr stattfindet kann.
Der Verlierer wird auch der Verursacher sein, weil der Mensch nie die Macht über die Natur, das Universum oder die Erde bekommt.

Im Literaturverzeichnis werde ich alle Bücher, die mich zu diesem Wissen geführt haben, aufführen. Dieses gigantische, zusammengetragene Wissen wird das Bauen grundlegend verändern. Das war im Jahr 2020.
Nicht nur ich warne seit Jahrzehnten, dass irgendwann sich der Wind dreht, aus einer Richtung, welche niemand im Plan hat. Innerhalb von wenigen Wochen und Monaten im Jahr 2021/22 stiegen die Baupreise rasant, Lieferengpässe an allen Ecken und Enden, sowie schnell steigende Zinsen.

Was ich in meinen Büchern schon lange anmahne ist das **Hand-werk. Allround-Handwerker** welche ein Haus bauen können, von A-Z kann man mit der Lupe suchen.

Mit den Erifolexperten und anderen Charaktermenschen hat sich eine Gruppe gebildet, wo die Gewissheit wächst, dass sich das Bauen in die richtige Richtung ändert. Niemand kommt an den 100 Prozent-Ansprüchen an ein Haus vorbei!

Gibt es eine Übersicht über 100%-Baustoffe?
Wer will wirklich noch am U-Wert festhalten, der ein reiner La-borwert ist und unter Außenbedingungen nicht funktioniert?

Das Fachbuch (4) bringt es auf den Punkt!
„Auf die Bauwerksteile wirken gleichzeitig Wärme- und Feuch-tigkeitseinflüsse ein, die ihr Verhalten, ihre Raumstabilität, ih-ren Feuchtigkeitsgehalt, ihre Wärmedämmfähigkeit, schließ-lich ihre Funktionstüchtigkeit sowie ihren Bestand entschei-dend beeinflussen können.“(4)
Schon vor über 40 Jahren wurden entscheidende Merkmale ange-sprochen, die genau das heutige Bauen bestimmen!

„Wärmeübertragungen werden gern für den stationären Zustand **(U-Wert)** *- das heißt unter Annahme konstanter Außen- und Innen-temperaturen - berechnet. In Wirklichkeit schwanken die Außen-temperaturen im Laufe jeden Tages merklich und im Laufe des Jah-res ganz erheblich* **(U-Wert-effektiv)**. *Auch die Innentemperaturen sind praktisch niemals konstant, es sei denn, dass besondere Ma-schinenaggregate dafür sorgen.“ (4)*

Wir müssen uns heute damit befassen, dieses stationäre U-Wert-Bauen, das schon damals nicht funktioniert hat, endlich durch den U-Wert-effektiv auszutauschen. Dieser beschreibt die immer wech-selnden Bedingungen. Die Bauphysiker die in den letzten Jahr-zehnten am U-Wert-Rechnen festgehalten haben, haben es sich leicht gemacht, indem sie eine ganze Wintersaison zusammenge-nommen haben und fertig war der Rechenvorgang.

Wir wollen überall 100% Genauigkeit und vor allem wenn es um unser Auto geht. Wenn man das mit dem U-Wert und U-Wert-effektiv vergleicht, müssten wir mit eckigen Rädern fah-

ren. Wir hätten Stillstand! Keiner würde verstehen, warum das vor sich geht.

Da wo hunderttausende Euros aufgewendet werden müssen, dass heute Häuser bezogen werden können, nehmen wir uns die grenzenlose Auszeit des Denken und Handelns.
Das 100%-Haus-Denken werden wir alle lernen müssen, wenn wir alle Menschen jemals in gesunden Häusern wohnen wollen! Die nächsten bauphysikalischen Prozesse sind so überzeugend beschrieben, dass Mann oder Frau sie einfach verstehen können!

*„In den Sommermonaten werden die Oberflächentemperaturen von Dächern und Außenwänden je nach der Lage der Sonne bedeutend mehr erwärmt als die Außenluft selbst. **Entsprechend stark sind die Temperaturerhöhungen und -abstürze.***

*Der ständige periodische Wechsel von Erwärmungs- und Abkühlungsvorgängen, denen die Außenhülle jedes Bauwerks ausgesetzt ist und die auch durch leistungsfähige **Wärmedämmschichten höchstens begrenzt, niemals ganz verhindert werden können, beansprucht die unterschiedlichen Konstruktionen entscheidend und bestimmt ihr Volumen, ihre Verformung, ihre Bewegungen und - bei Behinderung der Bewegung - die entstehenden Spannungen.“(4)***

Ständige periodische Wechsel sind schon am Tag und in der Nacht festzustellen. Allein das Aufkommen eines plötzlichen Gewitters mit Hagelschauern, läßt Dachoberflächen regelrecht „erschrecken“.

Nehmen wir den Herbst. Am Tag scheint die Sonne vor allem auf der Süd-Westseite mit noch hohen Temperaturen auf die Fassaden. In der Nacht liegen die Temperaturen bei klarem Wetter schnell unter Null Grad. Warum? Weil die Temperaturstrahlung auf unsere Erde bei klarem Nachthimmel bei **Minus** 50 bis 60 Grad liegen kann! Auch im Sommer. Die über den Tag eingespeicherte Wärme, die in Wärmedämmschichten, wie Styropor oder Mineralwolle schnell viele Zentimeter in die Schicht hineinkommt, kühlt dann in der Nacht sehr stark ab!

An einem sonnigen Februartag auf
der Südseite entwickeln sich
Temperaturen um 20 Grad, die Wärme
dringt in die Wand und wirkt dem
Wärmestrom nach außen entgegen!

Das U-Wert-Rechnen erfordert immer
gleiche äußere Bedingungen was nicht
möglich ist!

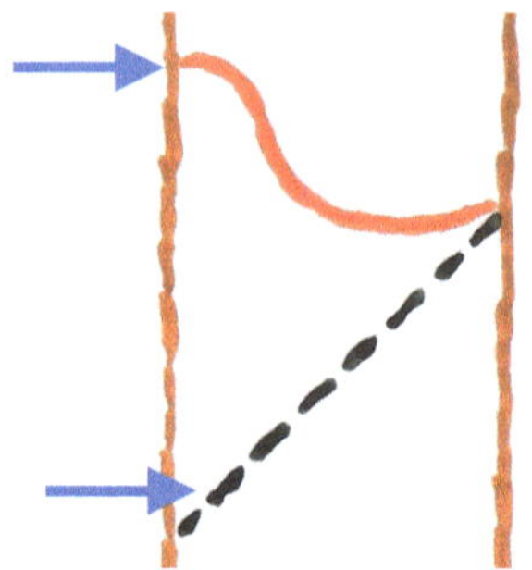

Gemalt Jaskulski - Stationäres Rechnen ist gegenüber dem
instationären Rechnen einfacher, aber falsch!

Jeder kann im Herbst beobachten, wie Autos oder Gartentische
morgens mit Tauwasser belegt sind!

Was passiert in der Dämmschicht? Wir haben schon mehrmals ein
Auffeuchten in den Schichten gemessen. Das sind Realitäten!
Wer will diese Realitäten mit seiner Theorie wegreden?
Schon diese Messungen lassen befürchten, dass dies in **allen
Dämmkonstruktionen mehr oder weniger stattfindet.**

Die zunehmenden Feuchtigkeitseinlagerungen in den Dämmkonstruktionen werden heute vernachlässigt, nicht kontrolliert und einfach ignoriert. Damals konnte die Vernachlässigung der wirklichen,
natürlichen Diffusionsvorgänge hingenommen werden, weil es
noch keine hochmodernen Messgeräte gab. Aber sicher nicht mehr
heute!
Immer wieder neu erfundene Dämmstoffmaterialien, können nicht
oder nur sehr begrenzt mit der Feuchtigkeit umgehen. Das **stationäre** Rechnen mit dem **U-Wert** ergibt einen einzigen Wärmedurch-
gang, siehe schwarze gestrichelte Linie in der oberen Skizze.

Dabei wirken zu jeder Zeit Wärme- und Feuchtigkeitseinflüsse auf
die Baustoffe ein. Sie treten zusammen auf, was in der Praxis fast
immer der Fall ist.
*„Deshalb sind die Begriffe Wärme und Feuchtigkeit kaum vonein-
ander trennbar. Wird kalte Luft - sie kann völlig feuchtigkeitsgesät-*

tigt sein - erwärmt, so wird sie relativ trockener; im Bauwerk ergibt sich dadurch ein Austrocknungsprozess.
Die Abkühlung warmer Luft bringt die Gefahr von Kondenswasser-bildung mit sich, die akut wird, sowie der Taupunkt der Luft unter-schritten ist."(4)

Wenn im Bauwerk ein Austrocknungsprozess in Gang kommt, dann nur bei Baustoffen die auch Feuchtigkeit über Kapillare abgeben können. Zum Beispiel bei einem Ziegelmauerwerk mit beidseitigem Kalkputz. Wenn die Bauschäden des heutigen Bauens abnehmen sollen, dann müssen diese bauphysikalischen Grundlagen gelernt und in die Praxis umgesetzt werden! Der Ziegelstein mit seinem kapillaren System sollte wiederkommen!

Text 23: Feuchtigkeitseinwirkungen auf das Bauwerk

„Feuchtigkeit greift in immer wieder wechselnden Formen die Bau-teile an. In Form von Niederschlägen, wie Schlagregen oder Schnee.

*Feuchtigkeit dringt auch in Form von **Wasserdampf** in die Bauteile und Stoffschichten ein und - **wenn es gut geht** - auf der anderen Seite auch wieder heraus." (4)*
Ja, der Wasserdampf tritt normalerweise in die Außenwand ein. Normalerweise war früher, als noch Ziegelmauerwerk mit solch weichem Kalkputz versehen war, dass der Wasserdampf eindrin-gen und durch den Dampfdruck auf der anderen Seite wieder her-auskommen konnte. Damals hieß eine klare Regel der massiven Außenwandtechnik,

von innen nach außen offener zu bauen!

Seit der Energieeinsparverordnung (EnEV) 2002, gibt es diese Re-gel nicht mehr!

Wärmedämmverbundsysteme und Dämm-Mehrschichtkonstruktio-nen haben sich aus dieser Verordnung entwickelt, ohne das die Entwickler wissen, dass sie mit dem U-Wert in die falsche Baurich-tung wandern!

45 Jahre altes Bauwissen! *„Wärme folgt bekanntlich dem Temperaturgefälle; der Wärmestrom geht immer zur kalten Seite hin, das heißt im Winter von innen nach außen, im Sommer von außen nach innen durch die Umfassungskonstruktionen hindurch."*

Wie die Wärme, wandert (diffundiert) Wasserdampf im Winter von der warmen Raumluft durch das Bauteil in die kältere Außenluft; im Sommer ist es umgekehrt." (4)

Das versteht doch jeder Entwickler und Planer! Oder?

Warum plant er die Dämmkonstruktion im Dachausbau nur mit einer Dampfsperre von innen?

Warum plant er keine Dampfsperre außen?
Weil dann wohl der Planer oder Bauphysiker verstehen müsste, dass das System nicht funktionieren kann.
Es besteht ein kompletter Widerspruch!

Nun gilt! *„Ein Befeuchtungs- oder Entfeuchtungsvorgang, der allein auf dem Wege der Wasserdampfdiffusion vor sich geht, nimmt viel Zeit in Anspruch und transportiert nur sehr geringe Feuchtigkeitsmengen. Wird Feuchtigkeit in flüssiger Form (als Wasser) transportiert, so ergibt sich in kurzer Zeit ein Vielfaches im Vergleich zur Transportleistung von Wasserdampf.*

Bei vielen Baustoffen ist die Fähigkeit zur Feuchteabsorption und -desorption (Feuchtigkeitsaufnahme und -abgabe) unterschiedlich groß.
Nichtkapillare Stoffe (z.B. Gasbeton, Mineralfasern) lassen sich von angreifendem Wasser schnell und gründlich durchfeuchten.

Abgeben können derartige Stoffe das Wasser nur in Form von Wasserdampf. Dazu wird die Zuführung von Wärme (Verdunstungswärme) benötigt, die das Wasser in Dampf zu überführen und außerdem ein Druckgefälle von innen nach außen aufzubauen hat, dem Wasserdampf folgen muß.

Ein Entfeuchtungsprozess, der nur auf die Dampfdiffusion an-
gewiesen ist, benötigt deshalb unter Umständen Jahre." (4)

Das heißt im Klartext!
Mineral- oder Steinwollplatten disqualifizieren sich bei der
Planung für ein Dachgeschoß oder auf der Fassade!
Jeder gesunde Menschenverstand erteilt diesen Sondermüll-
baustoffen eine Absage!

Der Entfeuchtungsprozeß der Dämmkonstruktionen dauert
Jahre! Da womöglich jedes Jahr ein weiteres Auffeuchten der
Dämmkonstruktionen vonstatten geht, bleibt unter dem Strich
ein ständiges Auffeuchten der Konstruktionen. Theoretisch
werden diese knallharten Tatsachen beschrieben. Gehandelt
wird genau entgegengesetzt.
Nun kommen noch wichtige Zahlen ins Spiel, damit wir uns vorstellen können, wieviel Feuchtigkeit eine Außenwand aufnehmen
muss!
„durch Schlagregen etwa 4kg/qm/Tag   Wand ungeputzt
*   etwa 3kg/qm   mit Kalkputz*
*   etwa 1-2 kg/qm   mit Kz-putz*
durch Kondenswasser infolge Wasserdampfdiffusion etwa 0,005
kg/qm/Tag
Die letzte Zahl erscheint gering! Bildet sich Kondenswasser jedoch
an 200 Tagen im Jahr, was durchaus möglich ist, dann sammelt
sich in der betroffenen Schicht immerhin eine Wassermenge von
200 x 0,005 = 1,0 Kg/qm an." (4)

Theoretisch kann die Wasserdampfdiffusion in den Dämmkon-
struktionen nicht mehr bestritten werden. Oder kann jemand
dieses nachvollziehbare Fachbuch in Frage stellen? Nun kann
jeder ausrechnen wieviel Feuchtigkeit in wenigen Jahren die
Konstruktion aushalten muss, bis sie kollabiert, schimmelt
oder sogar durch das hohe Gewicht von der Fassade fällt.

Seit 11 Jahren besitze ich dieses Fachbuch (4) und habe in all den
Jahren wichtige Dinge markiert. Nun könnte ich den ganzen Bereich abschreiben, weil die Feuchtigkeitseinwirkungen auf Bauwer-
ke noch nie so einfach erklärt wurden. Es wird immer spannender
und umfangreicher, was gegen das U-Wertbauen spricht!

*„Der flüssige und der dampfförmige Feuchtigkeitstransport kann gleichgerichtet oder auch - wenn auch seltener -entgegengerichtet sein. Auf ihrem Wege kann die Feuchtigkeit ihren Aggregatzustand ändern (instationärer Feuchtedurchgang). Hierdurch wird das Temperaturfeld gestört und der Wärmestrom beeinflußt, denn an der Stelle, an der die Feuchte von der flüssigen in die dampfförmige Phase übergeht, wird dem Material Wärme (Verdunstungswärme) entzogen (im umgekehrten Fall wird Wärme frei). Die kapillare Wasserleitfähigkeit setzt ein Feuchtigkeitsgefälle voraus, sie ist deshalb bei allen Stoffen in hohem Grade von dem vorhandenen Feuchtigkeitsgehalt abhängig. Sie kann nur dann wirksam werden, wenn der gegebene Feuchtigkeitsgehalt über dem „kritischen" liegt. Bei Ziegelmauerwerk liegt der kritische Feuchtigkeitsgehalt sehr niedrig, etwa bei 1,5 bis 2,5 Vol.-%, es ist deshalb gut wasserleitfähig. **Bei Gasbeton** (auch Ytong genannt) **liegt der kritische Feuchtigkeitsgehalt bei etwa 18 Vol.-%. (4)***

Der gebrannte Ziegelstein ist der unumstrittene 100%-Baustoff für ein gesundes natürliches Haus! Der eine Grund liegt in seinem sehr niedrigen Feuchtigkeitsgehalt. Im Gegensatz liegt der Gehalt beim Gasbeton, besser heute als Porenbeton oder Ytong-Stein bekannt, **sieben mal höher!** Also viel zu hoch!

Der Bauherr sollte bei der Auswahl der Baustoffe darauf achten. Denn diese Steine kommen überwiegend mit einer hohen Feuchtigkeit zur Baustelle. Was passiert dann mit der Feuchtigkeit in den Steinen?
„Ist weniger Feuchtigkeit als die als kritisch bezeichnete im Stoff vorhanden, kann Feuchtigkeit in Form von Wasser nicht mehr transportiert werden, sondern nur in Form von Wasserdampf. Die Austrocknung erfolgt in diesem Fall wieder nur auf dem Diffusionswege." (4)

Was heißt das für heutige Bauen? Wenn Häuser aus Porenbeton mit einer einschaligen Wand entstehen, ist die Wand sehr dick. Die Steine sind sehr feucht? Häuser werden heute sehr schnell verputzt oder zugedämmt. Wie lange braucht nun die Feuchtigkeit, dass sie aus dem Stein oder Wand wieder herauskommt?

Schafft sie es überhaupt, wenn die natürlichen Diffusionsvorgänge auch immer wieder Feuchtigkeit in die Wände bringen?
Wenn Häuser mit dünneren Porenbetonsteinen hergestellt werden und ein Wärmedämmverbundsystem (WDVS) kommt auf die Wand, was dann? Mit den bis zu 35 cm dicken Styroporplatten ist die Porenbetonwand nach außen abgeriegelt. Da geht kaum noch, ich meine, keine Feuchtigkeit nach außen durch. Was passiert mit der tragenden Wand?
Sie muss unweigerlich weiter auffeuchten! Denn nach innen wird sie durch die Dampfdiffusion Jahre brauchen, um die Feuchtigkeit los zu werden. Außerdem wirkt die Luftheizung, sprich Konvektionsheizung negativ auf die Wand. Ist das 100%-Bauen?
Es ist ein hunderttausende Euro-Haus auf dem Feuchtigkeitsirrweg ohne Ausweg!

Deswegen ist auch der Industriezweig Gebäudelüftungen so „erfolgreich", weil damit alle Fehler kaschiert werden!
Fragt sich nur wie lange?
Bei diesem heißen Thema komme ich um das Buch von Prof. Claus Meier; „Richtig Bauen" (5) nicht herum. Ein Wissenschaftler, der sich bis zu seinem Ableben mit dem kritischen Bauen beschäftigt und vor allem aufgerieben hat. Ein Mensch wie er, ich kannte ihn persönlich, hat mit seinem Durchblick sehr darunter gelitten, wie das wundervolle Bauen mit der langen Baugeschichte den Bach runter geht! Er hat sein eigenes Wissen über die Diffusionsvorgänge in den Konstruktionen gehabt. Dennoch hat er viele Textstellen aus anderen Büchern zitiert, die seine Sichtweise bestärkten. Er hat auf Seite 260 in (Gabel 81, **1981!**) zitiert:
„Da die Außenwand aus porösen Stoffen aus einem kapillaraktiven System besteht, muss neben der Wasserdampfdiffusion vor allem der Wassertransport durch Kapillarität betrachtet werden, der immer wesentlich leistungsfähiger ist als der Transport durch Diffusion".
Auch in einem weiteren Buch von (Eichler 89) zeigt er die bautechnischen Erfordernisse auf in Bild 7.5
Bild 7.5 Ziegelwand und hohe Luftfeuchte im Innenraum (Eichler 89)
Die drei Bewegungsrichtungen sind gleichgerichtet; nur so wird richtig konstruiert.

1 Wärmestrom

2 Kapillarbewegung
flüssiger
Feuchtigkeit

3 Wasserdampfstrom

Innen +20 Grad

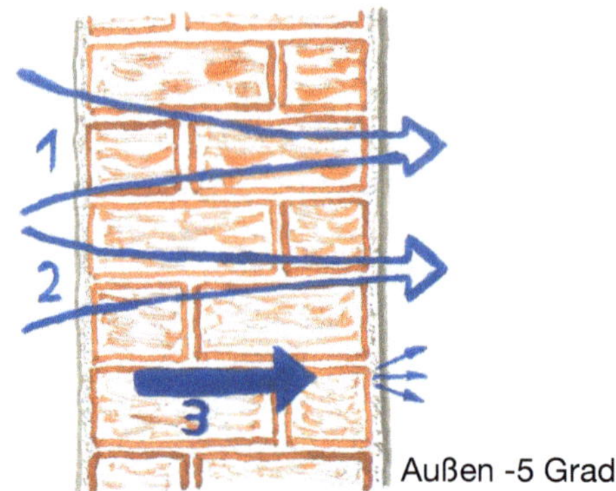

Gemalt: Jaskulski - Feuchtigkeitsbewegungen durch die Außenwand

Diffusionsdichtere Außenputze oder sorptionsdichte Folien und Außenschichten verhindern diesen natürlichen Weg nach außen; es muss dann zwangsläufig nach innen entfeuchtet werden!"(5)

Dünnes Mauerwerk und viele Innenanstriche auf Tapeten = Diffusionsdicht?

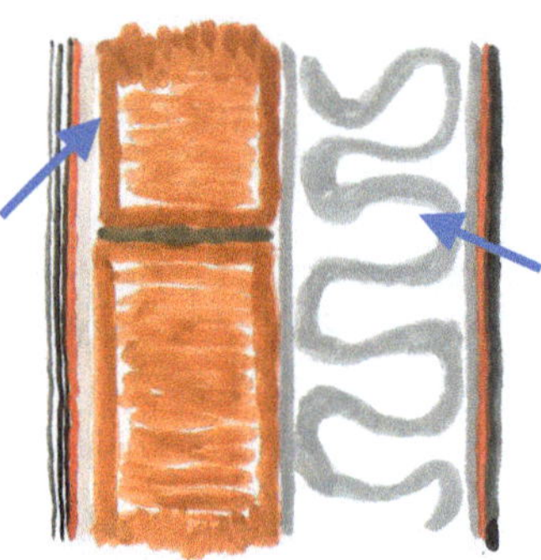

Dicke Dämmung überwiegend aus Styropor bzw. Polystyrol und dichtere Außenschichten Diffusionsdicht?

Gemalt: Jaskulski - Gestörter Feuchtigkeitstransport durch WDVS

Nachfolgendes Bild: *„Die drei Bewegungsrichtungen sind hier nicht gleichgerichtet; die kapillare Feuchtebewegung geht wieder zurück in den Innenraum. Dies führt zu einer verstärkten Feuchtebelastung des Innenraums."(5)*

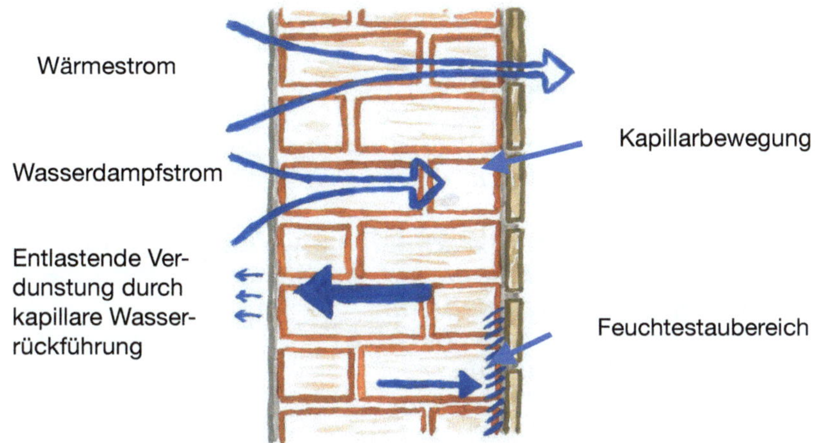

Gemalt: Jaskulski - Feuchtigkeitsbewegung nicht gleichgerichtet?

Wir sehen an diesen einleuchtenden Beschreibungen, dass unser heutiges dichtes Bauen, außen und innen mit allerlei dichten Anstrichen und Folien, keine Zukunft hat. Der Hausbesitzer und Bauherr bekommt in diesem Buch alles, damit er das heutige Bauen hinterfragen und ablehnen kann. Er bestimmt gegenüber Energieberatern, Architekten und Bauämtern, was gebaut wird!

Wir haben vergessen, wer diese Personen bezahlt! Der Kunde und der Bauherr mit seinen Familien, sowie die späteren Erben, die sich mit den garantierten Bauschadensfallen und Bauschäden herumärgern müssen!
Nur was über Generationen lang nachweislich funktioniert, wird zukünftig gebaut und bezahlt!

Bei Meier (5) steht unter dem „Richtigen Konstruieren", dass eine bauphysikalisch richtige Schichtenfolge in einer Konstruktion maßgebend ist, **bei der die einzelnen Diffusionswerte der Baustoffe in Diffusionsrichtung abnehmen.**

*„Bei sehr unterschiedlichen Diffusionswerten kann für den Winter durchaus eine richtige Schichtenfolge bestimmt werden, die dann aber leider nicht mehr im Sommer stimmt, da sich hier die **Diffusi-***

onsrichtung umdreht. *Eine für das ganze Jahr gültige Schichten-folge wäre durchgängig die Wahl etwa gleicher Diffusionswerte."(5)*

Diffusionswiderstandszahlen!

„Der Vollziegel mit Wert 10 und der Kalkputz mit Wert 12 ent-sprechen dieser bauphysikalischen Notwendigkeit.

Demgegenüber ist das Wärmedämmverbundsystem (WDVS) bauphysikalisch abzulehnen, da die Diffusionswerte nach au-ßen hin beängstigend zunehmen:
- Sto-Mineralschaumplatte Wert 3/6
- Unterputz Wert 23 bis 34 !
- Oberputz bis zu 233 !!

Tauwasser ist dabei unvermeidlich. Eine kapillare Entfeuchtung der Wand nach außen kann nicht erfolgen; demzufolge kann nur nach innen entfeuchtet werden. Eine diffuse Entfeuchtung ist quantitativ äußerst gering und kann in einer Feuchtebilanz durchaus vernach-lässigt werden. DIN 4108 und EN ISO 13788 aber behandeln nur die Diffusion. Der kapillare Feuchtetransport wird totge-schwiegen."(5)

Meiers harte Worte begleiteten ihn die letzten Jahre seines schaf-fensreichen Lebens. Er war durch und durch ehrlicher, verzweifelt kämpfender Bauphysiker. Dass er immer wieder belächelt und an-gegriffen wurde ist traurig.
Er, als Wissenschaftler und der große Baukritiker Dipl.-Ing. Archi-tekt Konrad Fischer kämpften nicht vergeblich. Denn es kommen junge Bauingenieure oder Menschen, die sich eingehend mit dieser Materie beschäftigen werden und das heutige Bauen folgerichtig neu aufstellen. Das Erifol®-System für Jedermann verständlich stellt den Hausbau auf den Kopf!
Im vorherigen Text sind die Diffusionswerte eines WDVS aufge-führt. Die Diffusionswerte von Sto-Produkten(22) kommen direkt von der Firma. Sie brauchen die Diffusionswerte nur miteinander vergleichen und das Thema **Wärmedämmverbundsystem (WDVS) fällt glatt durch!**

Milliarden werden für das U-Wertbauen ausgegeben!

Die Industrie mit ihren Managern will um jeden Preis weiter verdienen, auf Kosten des Hauses und der Menschen!

Die von anerkannten Fachleuten geschriebenen Bücher sind zu 100 Prozent der menschlichen Seite. Dadurch entsteht das
100%-Haus!
Es ist für mich eine
große emotionale Geschichte!

Im Mai des Jahres 2019 schrieb ich in zwei Monaten die Baurevolution. Das Buch brauchte keine Seitenzahlen. An den 108 Textnummern und Überschriften auf 116 Seiten kann sich jeder lang hangeln.
Erst als ich in die Nähe des 100.Textes kam, ist mir das 100 Prozentdenken in den Sinn gekommen. Das jetzige Schreiben und das Durchleuchten der bauphysikalischen Prozesse ist eine willkommene und logische Folge. Mit diesem Buch und dem Erifol®-System wird eine wissenschaftliche Dokumentation vorgelegt!

25 wichtige Anforderungen muss ein Baustoff
bzw. eine Außenwand erfüllen!

Text 24: Bauphysikalische Verflechtungen, immer wechselnde Bedingungen

„Die Wärmestromdichte wechselt ihre Intensität ebenso oft wie die Wasserdampfstromdichte. Das Temperaturgefälle ändert sich unaufhörlich, wovon das Dampfdruckgefälle beeinflußt wird. **Auf Perioden der Erwärmung folgen immer Perioden der Abkühlung. Ebenso wechseln Perioden der Feuchteabsorption mit denen der -desorption."(4)**

Absorption heißt hier, dass zum Beispiel der Ziegel Feuchtigkeit aufnimmt und bei Desorption wieder abgibt. Aus diesen Verflechtungen, der verschiedenen, immer wechselnden bauphysikalischen Abläufe, ergibt sich das Rechnen nach dem U-Wert-effektiv.

Zusätzlich mit dem Erifol®-System kann und wird alles ganz einfach werden, davon bin ich überzeugt.

Die Bücher von Prof. Claus Meier „Richtig Bauen", erklären sehr gut all die Zusammenhänge des effektiven U-Wertes! Dieses Rechnen berücksichtigt die Speicherfähigkeit und den solaren Eintrag in die Konstruktionen. Da die U-Wert-Rechner einzig den Wärmeeintrag durch die Fenster berücksichtigen, erhalten sie falsche Ergebnisse. In der Folge entstehen Gebäude, wo der Wert recht schnell ins Minus geht.

„Die Summe aller Prozesse bestimmt zusammen mit der Struktur und Schichtenfolge des Bauteils seine Eigenfeuchtigkeit.

Grundsätzlich *ist es günstig, wenn diese so niedrig wie möglich ist. Es ist somit erwünscht, dass sich die im Bauteil befindliche Feuchtigkeit entweder in Form von Wasser mit Hilfe der Kapillarkräfte des Stoffes und einem entsprechenden Feuchtigkeitsgefälle folgend zu den Oberflächen zieht, um dort zu verdunsten, oder als Wasserdampf dem Druckgefälle folgend dorthin diffundiert, wo es absolut trockener ist." (4)*

Diese bauphysikalischen Vorgänge existieren immer.
Ich frage mich, wie Hochschullehrer den Studenten das erklären? Es geht viel einfacher. Dr.Horn oder Volker Hinz sind wohl weit und breit die besten Physiklehrer, wenn es um das Haus geht! Das Erifol®-System ebnet dem vorgenannten Text den in dieser Zeitepoche besten Weg!

Die heutige Bauphysik (Physik) gehört auf den Prüfstand. Auch Laien können durch diese zusammenhängenden Erklärungen nachvollziehen, dass das heutige Bauen schon vor über 40 Jahren nicht funktionierte. Heute sind ca. 200 verschiedene Dämmstoffe auf dem Markt. Jeder möchte vom Dämmkuchen etwas abhaben, was auch verständlich ist. Wird eine Baukuh gemolken und gibt es genügend Abnehmer, wird weiter gemolken. Das ist menschlich bedingt. Familien müssen ernährt und laufende Kredite abgezahlt werden.
Wir können die Augen davor verschließen, dass die Feuchtigkeitseinlagerungen in den Wand- und Dachkonstruktionen, zu erhebli-

chen Bauschäden und Schimmel führen. Diese Dämmkonstruktionen waren ursprünglich entwickelt wurden, damit **Heizkosten** im hohen Maße eingespart werden.

Statistiken zeigen jedoch, dass in den letzten Jahren keine nennenswerten Einsparungen verzeichnet wurden und nie werden! Dafür sind die Baupreise und Bauschäden explodiert, welche uns Kritikern natürlich helfen, die Menschen vom richtigen Bauen zu überzeugen.

Text 25: Formänderungen in den Bauteilen

Die Palette der bauphysikalischen Prozesse ist sehr lang. Durch das mehrschichtige Bauen mit unterschiedlichsten Baustoffen und deren Eigenschaften, ergeben sich im Winter und im Sommer große Formveränderungen in den Bauteilen. Die Baustoffe müssen damit umgehen können.

„Die meisten Bauteile und -elemente haben die Gestalt einer Platte. Diese Platten behalten die ihnen verliehene Form nicht bei, sie verändern sie ständig. Wird dabei das Verhältnis der einzelnen Abmessungen zueinander nicht gestört, spricht man von einer Isotropen (richtungsunabhängigen) Volumenänderung. Sie ist z.B. gegeben, wenn es gelingt, eine Glaskugel völlig gleichmäßig zu erwärmen. Ihr Volumen nimmt dann zu, dabei bleibt die Kugelgestalt jedoch erhalten.

In der Praxis ist dies meist anders. Schon die im Naturstein eingesprengten Kristalle unterliegen bei Erwärmung einer anisotropen Formänderung (Volumenzunahme), das heißt sie dehnen sich in einer bestimmten Richtung mehr als in einer anderen.

Die eine Formänderung auslösende Erscheinung kann sowohl Wärme als auch Feuchtigkeit sein. Jeder feste Körper und jedes Gas nimmt bei Wärmeabsorption, die mit einer Temperaturerhöhung verbunden ist, volumenmäßig zu und umgekehrt. Aber auch jeder Stoff, der Feuchtigkeit absorbiert, vergrößert sein Volumen." (4)

Absorption heißt Aufnahme, z. B. Aufnehmen, aufsaugen von Feuchtigkeit oder Flüssigkeit. Wir bedenken, dass eine Außenwand aus einer dünnen tragenden Kalksandsteinwand besteht und mit einem immer dicker werdenden Wärmedämmverbundsystem (WDVS) versehen ist!
Das WDVS ist gegeben mit der Klebefuge, mit der weichen Dämmplatte aus Styropor oder Mineralwolle und dem viel zu festen Oberputz, sowie der noch festeren Beschichtung (z.Bsp. Silikonharzfarbe).

Welche bauphysikalische Begründung gibt es dafür, dass dieses System an unsere Hauswände montiert wird?
Vier verschiedene Baustoffe mit verschiedenen Festigkeiten und Diffusionswiderständen!
Wie können die Baustoffe mit Feuchtigkeit umgehen?
Außerdem werden heute immer mehr kräftige graue, rote oder blaue Farben verwendet. Dunkle Farben auf der Fassade erhitzen sich auf über 60 Grad im Sommer oder Spätsommer! Bei klarer Nacht, finden sich dann schnell Frostgrade auf den Fassadenteilen! Einfach die Wärmebildkamera objektiv und neutral verwenden! Im Sommer morgens um 4-6 Uhr, wenn es am kältesten ist, sind Minusgrade auf der Fassade keine Seltenheit!

Da muss die Farbe, der darunterliegende Putz, auf der sehr weichen Oberfläche der Dämmplatten funktionieren, wo ständig ein Dehnen und ein Zusammenziehen der Baustoffe stattfindet!
Jeder gesunde Menschenverstand muss das anzweifeln!

„Stoffe, die bereitwillig Feuchtigkeit absorbieren, unterliegen damit entsprechenden Quell- und Schwindprozessen. Zu diesen Stoffen zählt in erster Linie Holz. Für alle Holzprodukte und holzhaltigen Baustoffe ist die Tatsache typisch, daß ihre Quell-Schwind-Maße bedeutend größer sind als ihre Dehn-Schrumpf-Maße. Nun gibt es eine ganze Reihe wichtiger Baustoffe, die sowohl temperatur- als auch feuchtigkeitsbedingte Formveränderungen durchführen. Dies ist z.B. bei Leichtzuschlagstoffbeton und verschiedenen Leichtbetonarten, bei Gips und Anhydrit und vielen Schaumstoffen der Fall.

*Hierbei überlagern sich die einzelnen Bewegungen oft so, daß sie eine **entgegengesetzte Tendenz** aufweisen." (4)*

Auch für mich ist es schwer, dass ich alles einfach nachvollziehen kann, was es alles für unterschiedliche bauphysikalische Prozesse in den Baustoffen gibt. Mehrmals gelesen und anfangen mit dem Skizzieren von Vorgängen und es wird einfacher verständlich. Aber für jeden Planer, Handwerker und auch interessierten Laien wird hier deutlich, dass das ganze Bauen heute nicht nur von dem Wort „Dämmen" abhängen kann! Zwischen Theorie und Praxis ist immer ein Unterschied, wie folgend beschrieben wird.

*„Man kann deshalb nicht, wie es in der Literatur teilweise gemacht wird, **einfach** die zu erwartenden maximalen Schrumpf-, Schwind- und Kriechmaße **addieren**. Das würde nur richtig sein, wenn alle Einflüsse, die eine Längenverkürzung zur Folge haben, gleichzeitig auftreten. **Dies ist jedoch selten der Fall." (4)***

Der U-Wert geht davon aus, dass alle Einflüsse immer gleich sind. Über 365 Tage eines Jahres immer gleich, ohne Änderung? Die Realität sind die immer wechselnden Bedingungen. Diese werden mit dem U-Wert-effektiv abgehandelt! Auch wenn ich mich immer wiederhole. Hier zeigt sich wie umfangreich die Physik an und in unseren Haus wirkt.

Das Fazit unter den Formveränderungen fällt auch sehr deutlich aus!

„Für das Verständnis bauphysikalischer Belange ist die Berücksichtigung der temperatur- und feuchtigkeitsbedingten Form- und Längenänderungen von erheblicher Bedeutung; zahllose Schäden werden durch Nichtbeachtung dieser unvermeidlich auftretenden Bewegungsprozesse verursacht." (4)

Das ist das knallharte und wahrhaftige Fazit für das damalige und noch viel mehr heutige Bauen! Dieses Fazit ist schon vor über 40 Jahren gefällt worden. Zahllose Schäden werden verursacht, weil es heute dafür keine Ausbildung mehr gibt.

Die Handwerkskammern haben das Dämmen als höchste Priorität übernommen und lehren diese wirklichen bauphysikalischen Prozesse nicht! Sonst gäbe es längst das U-Wert-Effek-

tivbauen und die garantierten Bauschadensfallen würden immer weniger werden!

Text 26: Frosteinwirkungen auf Baustoffe und Bauteile

Die ständigen k.o.-Schläge für das heutige Bauen, allen voran die Dämmkonstruktionen, gehen ungehindert weiter. Ich hätte nicht gedacht, dass so viele Punkte gegen diese Systeme sprechen. Die Frosteinwirkungen sind in unseren Breiten und können jeden Winter erwartet werden. Auch wenn die Winter immer wärmer werden, das große Problem sind die **Frost-Tau-Wechsel!** Also das ständige Frieren und wieder Auftauen, was sehr oft im Tag und Nacht-Rhythmus stattfindet.

*„Nirgends tritt die enge Verflechtung von Wärme und Feuchtigkeitseinflüssen deutlicher in Erscheinung als bei Frostschäden. In der Praxis ist weniger die „Schärfe" des Frostes auch nicht seine Dauer von Bedeutung, sondern vielmehr das **Passieren der Nullgrenze**, also die Frost-Tau-Wechsel." (4)*

Auch wenn heute die Winter nicht mehr so kalt sein sollen, **die Menge** der Frost-Tau-Wechsel läßt wirklich aufhorchen.

*„Sie ereignen sich im Flachland jährlich durchschnittlich etwa **80 mal,** im Mittelgebirgsklima **etwa 100 mal,** in den Polarländern **250 mal.** Die Verwitterung von Fassaden aus Natur-, Betonwerkstein, Putz, Beton, von Betonfahrbahnen und -straßen usw. wird durch die Häufigkeit der Frost-Tau-Wechsel gefördert.*
Offene Kapillaren und Poren können nicht zu Frostabsprengungen führen.*"(4)*
Das ist wieder ein klares Zeichen für den gebrannten kleinformatigen Ziegelstein mit seinem allseits wirksamen Kapillarsystem!

Die wichtigsten bauphysikalischen Prozesse habe ich durchleuchtet, damit ich dem interessierten Leser aufzeigen kann, warum das 100%-Haus von Morgen, nichts mehr mit dem heutigen Dämmbaustil gemein haben wird. Es gibt noch weitere Prozesse, wie Korrosion, Erosion und Verwitterungserscheinungen. Hohlräume unterscheidet man in Großhohlräume und Kleinhohlräume, die auch erhebliche Einflüsse haben.

Bei der Wirkung von Dampfbremsen ist noch hervorzuheben:
„Durch Undichtigkeiten der Dampfsperrschicht, die praktisch kaum zu vermeiden sind, dringt Feuchtigkeit in Form von Wasserdampf in die Poren des Dämmstoffes ein. Schlägt sie sich nieder, sodass Wasser gebildet wird, so verbleibt sie im Dämmstoff, der allmählich auf diese Weise immer feuchter wird." (4)

Das Problem zeigt sich immer mehr in den heutigen Dämmkonstruktionen im Dachgeschoß. Gefrorene Dämmung ist der Albtraum einer Dachkonstruktion. Deswegen kommt statt der Dachdämmung, die Dachvollholz-Speicherung und nun mit dem Erifol®-System die wirkliche Dachdämmrevolution.

Text 27: Kriterien der Werkstoffe

Ein 100%-Haus konstruieren heißt, dass wir 100%-Baustoffe klassifizieren. Für mich selbst ist es eine große Herausforderung, dass ich die 100% erreiche.
Gehen wir von den natürlichsten Baustoffen aus, welche die Erde jederzeit wieder aufnehmen kann aus, dann ist der weiche gebrannte Ziegelstein und das natürlich gefällte und 2-3 Jahre getrocknete Vollholz, das Maß aller 100% Baustoffe!
Auch zwischen Ziegelstein und Vollholz wird es eine Differenzierung geben!
100 Prozent Baustoffe definieren können objektiv und neutral denkende Menschen! Dafür können die Kriterien der Werkstoffe im Fachbuch „Bauphysikalische Entwurfslehre" Band 2 (4) eine sehr gute Grundlage bilden, wie folgend zu sehen!

„Die Zellstruktur eines Stoffes bestimmt sein bauphysikalisches Verhalten, dessen wichtigste Kriterien folgende sind:
- die Leitfähigkeit und das Speichervermögen für Wärme
- die Fähigkeit zur Feuchtigkeitsaufnahme aus der Luft (Hygroskopie)

- die Fähigkeit, Feuchtigkeit in Form von Wasser zu transportieren (Wärmeleitfähigkeit, Kapillarleitfähigkeit)
- die Fähigkeit der Feuchtedesorption (Austrocknungsvermögen)
- die Resistenz des Stoffes gegenüber Feuchtigkeitsangriffen
- die Neigung zu Form- und Volumenänderungen infolge der Einflüsse von Temperaturen und Feuchtigkeit
- das Brandverhalten des Stoffes
- die Temperaturbeständigkeit bei hohen und tiefen Temperaturen
- die Temperaturwechselbeständigkeit (bei Abschreckungen oder stark auftretender Besonnung)
- die Festigkeitseigenschaften und ihre Änderung unter der Einwirkung von Wärme und Feuchtigkeit
- die Beständigkeit gegen Korrosion und Erosion
- die Witterungs- und Alterungsbeständigkeit des Stoffes."(4)

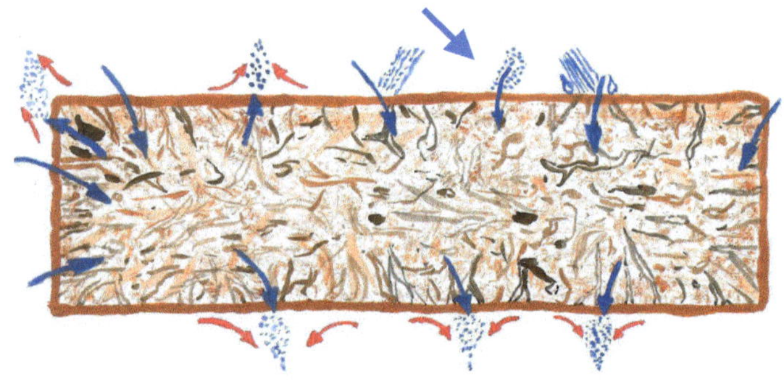

Gemalt: Jaskulski - Gebrannter Ziegelstein Format Normalformat (NF) aus der Sicht des Maurermeisters mit genialem Kapillarsystem

Wer hätte gedacht, dass die Baustoffe so viele Kriterien erfüllen müssen. Was Physiker wie Dr.-Ing. Friedrich Eichler schon vor Jahrzehnten alles wussten und zusammengetragen haben, ist gewaltig. Schade, dass wir Menschen von diesem Wissen kaum etwas spüren in unserer Dämmwelt!

84

Es ist nun ganz einfach, dass diese **12 Punkte an den jeweiligen Baustoffen überprüft werden.**

Das ist Grundlagenwissen für jeden Baustudenten, Architekten und Baumeister! Vor allem für die Lehrenden, welche ein hohes Ansehen haben und hohe Gehälter bekommen, wird es ein Umdenken geben müssen!
Bauherren und Kunden werden durch das richtige Wissen den längeren Atem haben!
Wir brauchen nur den Ziegelstein und den meistverkauften Dämmstoff Polystyrol (Styropor) gegenüber stellen. Der Dämmstoff fällt glatt durch! Der Ziegelstein ist ein Baustoff, der über viele verschiedene Fähigkeiten verfügt.
In Niedersachsen, wo die meisten roten Backsteinhäuser oder Ziegelhäuser stehen, kann jeder Fassaden bewundern, die Jahrzehnte keine Fugenreparaturen benötigten. Als Maurermeister, der Anfang der Achtziger Jahre des vorigen Jahrhunderts noch die besten gebrannten Ziegelsteine verarbeiten durfte, erkenne ich an der Fassade, ob es sich um einen weichen Stein oder eher um einen festeren, klinkerähnlichen Stein handelt. Da sieht man an den Steinen kaum Erosionen oder Verwitterungen. Der Ziegelstein muss von bester Qualität sein und ein umfangreiches Kapillarsystem besitzen. Bei unserer modernen Technik wäre die Herstellung heute kein Problem, denn der Ziegelstein einer funktionierenden Fassade muss keine hohe Festigkeit besitzen.
Ganz nebenbei stelle ich den heutigen Architekten die Frage, ob sie an den 3 Fotos den Mauerverband erkannt haben? Hand aufs Herz! Wer hat den Kreuzverband erkannt?

Text 28: Wärmeableitung durch die Gebäudehülle mit Reflexion

Es ist schon paradox, dass bei der Erklärung der Wärmeleitung immer am Ende die Wärmedämmung angepriesen wird. Sich im Internet informieren ist verlorene Zeit, da es keine objektive und neutrale Erklärungen gibt.
Schauen wir bei der Definition über die Reflexion kommt nichts von den Ingenieurkursen!
Warum hat "Ingenieurkurse.de" keine Meinung für die Reflexion?

Es gibt einfache Vorgänge, wo wir Menschen die Reflexion verstehen können.

Gehe ich bei kühlen Temperaturen und herrlichem Sonnenschein auf der Straße im Schatten spazieren und komme an einem Haus vorbei und werde durch ein Fenster von der Sonnen geblendet, dann ist es die Lichtreflexion. Drehe ich mich herum und bleibe noch, dann spüre ich die Wärme der Sonne. Das ist die Wärmereflexion!

Diesen physikalischen Vorgang machen sich die Erifol®-Experten zu nutze und halten einerseits die sommerliche Hitze draußen und andererseits die Wärmestahlung von innen ab, nach außen zu entweichen!

Text 29: Baukonstruktionslehre Teil 1 und 2 als Grundlage meiner Meisterprüfung im Jahr 2000 (6)

Diese Fachbücher sind die Weiterführung von Frick/Knöll aus dem Jahre 1949! Schon im Vorwort wird die lange Geschichte der Fachbücher von Frick/Knöll hervorgehoben und dann klar Stellung bezogen, was von einem Baukonstruktionslehrbuch verlangt wird.

„Nach wie vor wird von einer Baukonstruktionslehre erwartet, dass sie die wichtigsten Aufgabengebiete des Bauens erfaßt, die unterschiedlichen Konstruktionsprinzipien in den Bereichen des Rohbaues, Innenausbaues und teilweise auch des Technisches Ausbaues berücksichtigt und dabei die sich ständig weiterentwickelnden Herstellungsverfahren aufzeigt. Schließlich muß deutlich gemacht werden, daß alle Baukonstruktionen abhängig sind von statischen Berechnungen, bauphysikalischen Einflüssen, Baustoffeigenschaften, von den Baukosten und der Bauabwicklung sowie von den behördlichen Bestimmungen und Normen."(6)

Gerne werden behördliche Bestimmungen, Normen, Europäische Normung, Zertifikationen, Güte- und Bauproduktrichtlinien angeführt. Dabei wurden auch Regelwerke der nationalen, europäischen und internationalen Normung mit aufgenommen.

Wie soll sich nach Jahrzehnten des zweifelhaft funktionierenden Dämmbauens, ein funktionierendes durchdachtes Bauen entwickeln?

Die Weiterentwicklung neuer Technologien über mehrschalige "moderne" Wandkonstruktionen und „Intelligente Fassaden“, was immer das heißen mag, wurde angesprochen.

„Viele neuzeitliche Konstruktionen, aber auch viele Produkte der Bauindustrie können nur noch kritisch beurteilt werden, wenn bauphysikalische Grundregeln beachtet werden.“ (6)

Weil diese physikalischen Grundregeln nicht mehr beachtet werden, können wir uns heute vor Bauschäden kaum retten. Noch schlimmer sind die überall gut verborgenen schlummernden Bauschäden in den Dachkonstruktionen und in den mehrschaligen Wandkonstruktionen, die immer weiter durchfeuchten und vor sich hinschimmeln. Schimmel in den Konstruktionen und sehr oft zum Leidwesen der Menschen auf den Wandoberflächen, innen wie außen.

Wieviele Dämmaußenwandkonstruktionen oder Fertighauskonstruktionen sitzen in der Bauschadensfalle, weil sich die Hersteller nicht darum kümmern müssen, wenn keine Kontrolle stattfindet.
Heute wird alles kontrolliert, gesichert und geahndet, ob es noch dafür rechtlich Grundlagen gibt oder nicht.
Was ist mit der Versicherung für Dachkonstruktionen und Dämmfassadenkonstruktionen? Wo ist die Haftpflichtversicherung von solche Konstruktionen?

Diese Bücher haben mich zum Maurermeistertitel begleitet. Im Teil 2 des Buches geht es um den Ausbau von Dachräumen. Unter Wärmeschutz und Konstruktionskriterien stehen merkwürdige Dinge!

„Lange Zeit wurden die belüfteten Konstruktionen für wärmegedämmte Dächer als nahezu standardmäßige Ausführung vorgezogen. Es kommt bei ihnen jedoch immer wieder zu erheblichen Schäden, die vor allem bedingt sind durch ungenügend dimensio-

nierte oder durch aufgequollene Wärmedämmungen, eingeengte Lüftungsquerschnitte sowie fehlerhafte Dampfsperren."(6)

Nach dem jahrzehntelangen Probieren auf Kosten der Hausbesitzer und Bauherren, könnte man nun mal etwas anderes versuchen!

Mit dem Erifol®-System kommt die Rettung, da wird nicht probiert, sondern erfolgreich geliefert.

Das Handwerker oder Planer nach dem Studieren solcher „Fachbücher", Titel tragen, so planen und bauen lassen, wie wir es heute sehen, wundert nicht mehr.

Sie, lieber Leser, bekommen immer mehr einen Einblick, was Baufachbücher heute leisten! Bauhalbwissen! Das sind dann nur 50%!?

*„Bei Schadenanalysen wurde festgestellt, dass durch Luftströmungen infolge von undichten Raumabschlüssen so erhebliche Feuchtigkeitsmengen in die Gesamtkonstruktion transportiert werden, dass sie weit mehr als ein **Tausendfaches(!) von Feuchtigkeitseinträgen durch Dampfdiffusion ausmachen können."(6)***

Dabei ist die Dampfdiffusionsumkehr, die im Sommer stattfindet noch garnicht berücksichtigt!

Diese undichten Raumabschlüsse werden gern den Handwerkern angelastet.

Fragen an die Experten, die Handwerker beschuldigen:
- Wann verspröden Klebebänder?
- Wie kann bei alten, verdrehten Dachbalken die viele Querspalten haben, jemals eine hundertprozentige Dichtigkeit erreicht werden?
- Und über welchen Zeitraum?
Was ist mit der Dampfdiffusionsumkehr im Sommer, die schon 1975 (4) beschrieben und bemängelt wurde?
Der nächste Textteil gibt eigentlich genau den Grund an!

*„Die bisher üblichen Unterspannbahnen behindern außerdem trotz normalerweise ausreichender Dampfdurchlässigkeit bei solch möglichen Feuchtigkeitsverhältnissen **das Austrocknen** zu stark. Auf Dauer wird dadurch die Wärmedämmung bis zum weitgehendem Funktionsverlust durchnäßt, und es werden an den hölzernen Kon-*

struktionsteilen trotz Imprägnierung schwere Schäden verursacht."(6)

Kaum zu glauben, was da steht! Dort steht, dass es nicht funktioniert!

„Für alle wärmegedämmten Konstruktionen, insbesondere jedoch bei der Sparrenvolldämmung, ist eine einwandfreie Luftdichtung bzw. Dampfsperre zwischen Innenraum und Wärmedämmung und gegenüber allen angrenzenden Bauteilen unbedingte Voraussetzung.

Auf Grund dieser Kriterien dürfte sich ähnlich der Entwicklung bei Flachdächern ein künftiger Trend zu nur noch nicht belüfteten wärmegedämmten Konstruktionen beim Ausbau von Dachräumen ergeben."(6)

Und wieder nichts von Dampfdiffusionsumkehr im Sommer. Der Planer kann dicht planen wie er will und der Handwerker kann Dichten wie er will. So lange es die Dampfdiffuionsumkehr gibt, bleiben die Konstruktionen in der Bauschadensfalle, bis der Bauschaden ans Tageslicht kommt!

Wir wollen die modernsten Menschen sein und mit unserem Bauen das Klima retten! Ohne die Anwendung der richtigen Physik ist das nicht möglich.

Durch alte Fachbücher, wie die

„Bauphysikalische Entwurfslehre" von Dr.-Ing. Friedrich Eichler, mit vielen einfachen Erklärungen, wird die Bauphysik verständlich.

Kapitel V: Das 100%-Bauen

Text 30: Der Weg zum 100%Haus führt über wahre Architekten

Heute schreiben Architekten überwiegend ihr eigenes 100% Haus vor. Kommen Einwände von Bauherren, weil sie von uns Kritikern und Videos wissen, werden schnell weg gewischt, dann haben sie meistens die Ausbildung, diese Einwände zu zerstreuen.
So nennt man das Auswendiglernen des U-Wertes und sein Drumherum, also das Verkaufen des verordneten Bauens. Kommt dabei das maßgeschneiderte Haus heraus, welches die menschliche Ansprüche befriedigt?

100% Häuser entstehen aus dem Bau-All-Wissen, aus den Erfahrungen der Baumeister und aus der Baugeschichte. Meine 16 Jahre Studium und zum Teil langen Irrwege, vor allem was das Heizen anbelangt, haben ein Ende! Meine gemachten Erfahrungen bringe ich hier mit ein!! Das Wissen steht allen Menschen in Form von Erzählungen und Fachbüchern zur Verfügung. Es kann überall im Land besichtigt und analysiert werden.

Das es in einem langen Architektenleben auch ganz anders gehen kann, zeigte sich beim größten deutschen Baukritiker Konrad Fischer.
Auch ein Schweizer Baukritiker trägt zur heutigen Baugeschichte bei. Er hat mich mit seinen 25 Anforderungen an eine Außenwand sehr beeindruckt, wo er das heutige Bauen gleichermaßen wie ich gegen Null Prozent aufzeigt. In seinen Anforderungen kann jeder seine Einwände gegen heutiges Bauen nachvollziehen.

Schlussendlich bleibt nur ein 100%-Baustoff und eine Heizungsform übrig, ob wassergeführt oder elektrisch.

Paul Bossert aus der Schweiz ist ein ernstzunehmender Baukritiker in Europa. Seine schlagkräftigen Argumente hier im Buch aufgezeigt lassen hoffen, dass die Menschen das Bauen viel besser verstehen. Er hat seine ureigenste Art die Dinge kritisch zu benennen. Etwas Sarkasmus gehört bei ihm dazu! Die Einleitung zu seinen 25 Anforderungen ist auch dementsprechend formuliert. Ich habe die Texte so gelassen, wie er sie aufgeschrieben hat.

*„Können sich «junge Familien mit Kindern» noch Eigentum leisten?
Ist die Energieeinsparverordnung (EnEV) des Bundes eine seriöse
Maßnahme?
Aufklärung der Verbraucher durch den Verein Fortschritt in Freiheit
e.V. Verfasser: Dipl.Bauingenieur FH, Architekt, Bauphysiker, Ener-
gie- und Bauschadenexperte Paul Bossert*

*Weil falsche Energiegesetze und mangelhafte Forschung seit Jahr-
zehnten zu einer Verluderung des Bauens führten und die Architekten und Ingenieure bei diesem Schwindel mitmachten, dachte ich,
dass es Zeit sei, wieder einmal darauf hinzuweisen, an was ein
Bauplaner denken sollte, wenn er auf dem Plan zwei Striche gezogen hat und glaubt, dass das dann eine Fassadenwand im Grundriss darstellen würde.
Paul Bossert, 25. August 2016
Dipl. Bauingenieur FH, Architekt, Bauphysiker, Energie- und Bauschadenexperte (7)*

Es lohnt sich, über jeden seiner Hinweise zum heutigen Bauen
nachzudenken. Es zeigt, dass verantwortungsvolle Menschen die
Zustände des heutigen Bauens benennen. Sie benennen es nicht
nur, sondern zeigen dadurch, dass es verändert werden muss? So
wie wir unsere vorherigen Generationen für Allerlei belächeln oder
kritisieren, sollten wir schleunigst vor unseren eigenen Türen kehren. Dazu müssen wir unseren Geist und gesunden Menschenverstand aktivieren!

„Über die 25 Anforderungen einer Aussenwand (Fassade).

***Ein Planer, sei er Architekt oder Ingenieur, sollte (muss) wis-
sen, wenn er einen Strich mit dem Bleistift oder dem Computer
zeichnet, aus welchem Material der Strich ist, welche Farbe
und Struktur er hat, welche Ästhetik er generiert und was der
Strich kostet. Fügt der Planer einen weiteren Strich parallel
zum ersten ein, wird bereits von einer Wand im Grundriss gesprochen.***

*Nun sollte (muss) ein Planer, sei er Architekt oder Ingenieur, daran
denken, dass diese 2 Striche schon eine Aussenwand beschreiben
und dabei bereits 25 Anforderungen generieren, welche zu beach-*

*ten sind! Der Vollständigkeit halber werden nun diese 25 Anforde-
rungen beschrieben und deren Zweck und Eigenschaften
erläutert."(7)*
Paul Bossert ist ein angesehener Kritiker in der Schweiz , welcher
sich nicht von der Suche nach dem 100%-Bauen abbringen läßt.
Vor wenigen Jahren hatte er „nur" 20 Anforderungen an eine Außenwand. Er benutzt seinen Geist und entwickelt das Bauen weiter! Immer zum Nutzen des Menschen! Nun sind es 25 Anforderungen! Es wird spannend, was eine Außenwand so alles leisten
muss!

Text 31: Ästhetik, Statik und Festigkeit

*„**01.** Die Ästhetik ist seit dem Beginn der „Moderne" im Jahr 1925
das Wichtigste was es für einen Architekten gibt auf der Welt. Alle
anderen 24 Anforderungen sind für den Architekten untergeordnete
Nebensächlichkeiten, die ohne Bedeutung sind. Für heutige Architekten zählt nur das Eine: „Das Design"!
Diese Architekten werden wohl jetzt auch nicht mehr weiterlesen.*

***02.** Die Statik des Bauingenieurs ist für die Fassade eines Architek-
tenentwurfs ein angeblich notwendiges Übel, das nichts kosten
darf. Der Architekt benutzt den eigentlich wichtigen Ingenieur seit
Beginn der „Moderne" wie eine Hure, nämlich nur dann, wenn er
ihn nötig hat.
Paul Bossert, Dipl. Bauingenieur FH, Architekt, Bauphysiker, Ener-
gie- und Bauschadenexperte www.paul-bossert.ch - www.klimama-
nifest.ch 1*

***03.** Die Festigkeit beschreibt mit ihrer Lehre, die Verformungen in-
folge Last- oder Temperaturwechseln einer Wand. Missachtungen
der Festigkeitslehre und der damit verbundenen Nichtbeachtung
der Thermodynamik sind Ursache der meisten Bauschäden."(7)*

Die ersten drei Anforderungen beschreibt er sehr konsequent und
nachvollziehbar. Die Ästhetik des heutigen Bauens vertreibt die
Touristen aus der Passivhaussiedlung in Heidelberg. Heute gibt es
ein Kistenbauen, ohne Liebe zum Detail oder zur Handschrift, sowie keine haussichernden Dachüberstände. Heute regieren beim

Haus gerade, harte und männliche Kanten und Linien, ohne die schönen weiblichen Formen. **Es ist immer noch ein Männerbauen.**
Die Baustile der letzten Jahrhunderte waren überwiegend von Männern, von Baumeistern geschaffen und immer weiterentwickelt wurden. Da waren weibliche Formen immer gegeben. Heute studieren schon mehr Frauen als Männer Architektur! Warum ist das so? Die scharfen Kanten machen Angst.

Das Weibliche, die leichte geformte, von Händen geführte Handlinie darf wieder Einzug nehmen in unseren Baualltag.

In unserer von der kalten Industrie geraubten Bauästhetik, fehlt die Wärme, die Liebe zum Bauen, das Meisterliche. Weil die Energieeinsparverordnung mit dem § 25 Befreiungen oder jetzt das Gebäudeenergiegesetz, zu 100% auf unserer Baumeisterseite ist, wird das meisterliche, schöne, natürliche und gesunde Bauen für den Menschen, wieder eine Renaissance erleben! Herbst 2022! Mit dem Erifolsystem braucht es keine Befreiungen mehr. Dieses System wird sogar gefördert. Da wird innen die Wärmedämmung angebracht. Eine große Chance für unsere Fassaden.

Architekten sind die bedauernswertesten Menschen in Deutschland. Sie müssen in dem Dickicht der Baustoffe noch durchsehen! Sie müssen von allen Baustoffen wissen, wie sie funktionieren.

Text 32: Erdbeben- Sturmsicherheit, Ökonomie

„04. Die Erdbebensicherheit ist Sache des Bauingenieurs im Bereich der Statik. Sie wird gewährleistet indem Gummipuffer (teuer) die Horizontalbeschleunigung aufnehmen und/oder im Gebäudekern sowie in den Fassaden entsprechende Aussteifungen erstellt werden.

05. Die Sturmsicherheit einer Fassade ist für einen Architekten nicht wichtig. Man sieht das vor allen Dingen bei Sturmschäden in den USA, wo eine Klimaanlage wichtiger ist, als eine gut funktionierende Wand, die nicht beim ersten Windstoss einbricht.

06. Die Ökonomie bzw. der Preis einer Wand spielt für den Architekten eine untergeordnete Rolle. Würde der Architekt die Ökonomie beachten, hätte er unweigerlich eine Honorareinbusse zu verzeichnen. Und wer will schon weniger verdienen in dieser garstigen Zeit?"(7)
Zur Erdbebensicherheit können wir einen guten Beitrag leisten. Gerade heute werden Holzhäuser immer beliebter. Damit meine ich keine Fertighäuser, welche gern als Holzhäuser verkauft werden, mit ihren mehrschichtigen Holzständerwerken, sondern Vollholzhäuser. Die tragenden Wände sind manchmal nur 10 cm stark! Diese Häuser haben eine sehr hohe Erdbeben- und Sturmsicherheit.

Die Ökonomie zeigt sich weltweit in der langen Lebensdauer von massiven Vollholzhäusern!
Noch müssen vor den dicken Vollholzwänden 15-20 cm dicke Wärmedämmverbundsysteme angebracht werden. Verordnung ist Verordnung! Aber nicht mehr lange! Auch hier kann das Erifol®-System alles verändern.

Text 33: Erstellungszeit, Wetterfestigkeit, Dauerhaftigkeit

„07. Die Erstellungszeit einer Wand muss kurz sein, weshalb herkömmliche Bautechniken nicht mehr verwendet werden können. Welcher Architekt sieht denn ein, dass ein Drei-Schicht-Aussenverputz drei Monate für den Erhärtungsprozess benötigt? Billige Schmiere wird mit billigen Hilfskräften des Generalunternehmers appliziert. Das ist für heutige Architekten zeitgemäss und profitabel.

08. Die Wetterfestigkeit einer Fassade wird von heutigen Architekten vernachlässigt, denn die Wand muss so schnell wie möglich wieder kaputt gehen, damit wieder eine neue Wand für ein neues Haus erstellt und neues Architektenhonorar bezogen werden kann.

*09. Die Dauerhaftigkeit einer Wand ist die Schwester der Wetterfestigkeit. Kein Architekt ist daran interessiert, dass eine Wand drei bis vier Generationen hält. **Im alten Rom wurde laut VITRUV eine intakte Wand auch noch nach 80 Jahren als neu eingestuft.***

Aus diesem Grund sollte eine Aussenwand auch heute noch eine Dauerhaftigkeit von DREI Generationen aufweisen."(7)

Der Mann hat Recht! Ob der Sarkasmus hilfreich ist, wird sich zeigen. Es macht es wohl leichter, dass diese heutige Baugrausamkeit überstanden wird.
Der Maurermeister hat den Vorteil, dass sich die Erstellungszeit erheblich verlängert, durch das 36,5 cm dicke Mauerwerk. Damit wird durch Handwerk gutes Geld verdient. Herbst 2022! Mit dem Erifol®-System, reicht mir ein 24 cm dickes Mauerwerk im Kreuzverband.

Der Maurer, der wie ich, auch den leicht zu erlernenden Dreilagenputz beherrscht, hat reichlich gute Arbeit und Verdienst am Haus! Die regionalen Handwerker haben mehr Lohn, als die Industrie mit ihrem Sondermüll und sind auch viel länger auf einer Baustelle. Sie bekommen damit auch einen engeren Bezug zum Bauherrn.

Text 34: Wanddicke und Wärmespeicherfähigkeit

„10. Die Wanddicke sorgt dafür, dass der Wärmefluss gegen aussen nicht linear sondern exponentiell abfliesst. Je dicker die Wand, desto grösser ist die Verweilzeit von solar eingestrahlter Energie und desto weniger Heizenergie muss dem Gebäudeinnern zugeführt werden.
11. Die Wärmespeicherfähigkeit ist der Bruder der Wanddicke, weil er hilft, das Beharrungsvermögen der Wärme in der Wand zu vergrössern. Wie bei der rotierenden Erdkugel, sorgt die Wärmespeicherfähigkeit für einen thermischen Ausgleich in einer Aussenwand. Mit Flächengewichten von 700 kg bis 1000 kg pro Quadratmeter werden die besten Energie-Speicherwerte erzielt!"(7)

Die optimale Wanddicke für ein Einfamilienwohnhaus liegt bei 36,5 cm, weil da auch auf zwingende Betonringanker verzeichtet werden kann.
Allerdings kommen mit der Temperierung und dem Erifol®-System neue Konstruktionsmöglichkeiten.
Der Ziegelstein mit seinem Kapillarsystem, mit Maßen von 24 x 11,5 x 7,1 cm, auch Normalformat genannt, ist für mich der 100%-

Baustoff für eine Außenwand. In allen Baufachbüchern von 1940 bis 1996 wird dieser Stein mit seinen allseits positiven Eigenschaften besonders hervorgehoben. Mit dem Ziegelstein im Kreuzverband gemauert, entsteht das homogenste Mauerwerk!

Es ist einfach schade, dass dieses über Jahrhunderte funktionierende Mauerwerk heute durch falsches Denken und Verordnungen praktisch dem Erdboden gleich gemacht ist. **Es ist regelrecht verboten worden!**

Text 35: Wärmedämmfähigkeit

„12. Die Wärmedämmfähigkeit, genannt U-Wert, ist ein Materialwert der beschreibt, wie gross der Wärmefluss in einer Wand von innen nach aussen ist. Fälschlicherweise wird der U-Wert als gesetzlicher Wert zur Energieeinsparung verwendet (EnEV / SIA 380/1). Weil Aussen- oder Zwischendämmungen die solare Energieeinstrahlung unterbinden, sind Kunstharzschäume und Faserdämmungen für Wärmedämmungen ungeeignet. Die Architekten und Ingenieure haben es sträflich unterlassen, die Energie-Effizienz der U-Wert-Theorie zu überprüfen.
Die U-Wert-Theorie ist bis heute wissenschaftlich, experimentell nicht validiert!"(7)
Ich weiß, dass ich mich immer wieder wiederhole!
In meinen Büchern habe ich den U-Wert hinreichend erklärt. Ein theoretischer Wert, der nur unter immer gleichen Bedingungen im Laborzustand erreicht werden kann. Die Häuser stehen aber unter immer wechselnden Bedingungen im Freien. Das Rechnen ist sicher komplizierter. Aber mit dem U-Wert-effektiv, der schon seit Jahrzehnten bekannt ist, wird die Speicherfähigkeit, der solare Eintrag und andere Einwirkungen in die Konstruktionen berücksichtigt.

Viele Dämmbauten schaffen es nicht bis zur Abnahme. Mit dem 100%-Haus ändert sich dieser Zustand sehr schnell! Wir haben locker 30 Jahre Massivhauserfahrungen verschlafen, die mit diesem Buch aufgeholt werden. Zusammen mit der 100%-Temperierung bzw. mit Strahlungsheizungen wird uns das gelingen. Mit dem Erifol®-System erst recht.

Text 36: Wärmeeindringgeschwindigkeit

*„**13.** Die Wärmeeindringgeschwindigkeit einer Wand ist materialabhängig. Mit ihr wird die solare Energieaufnahme berechnet. Frage nie einen Architekten, wie man diese thermische Wirkung berechnet, denn er weiss es nicht!"(7)*

Nein, der heutige ausgebildete Architekt weiß es nicht und er will es auch nicht wissen, weil er dann ja zugeben müsste, dass er all die letzten Jahre falsch gelehrt wurde und falsch geplant hat. In Fach- oder Tabellenbüchern sind seit ca. 20 Jahren keine Tabellen mit Wärmespeichervermögen mehr abgedruckt. Fündig wird man nur noch im Fachbuch (5) von Prof. Claus Meier „Richtig Bauen". Er vergleicht das Wärmespeichervermögen, zum Beispiel von 10 cm Vollholz und 10 cm Polystyrolhartschaum.

Der Unterschied ist gigantisch!
Das Vollholz speichert ca. 43 mal mehr die Wärme, hält sie also zurück, gegenüber dem Sondermüllpolystyrol! Deswegen wird das Vollholz in der nächsten Zeit hoch interessant für Vollholzhäuser und Dachspeicherung, anstatt Dachdämmkonstruktion. Die Dämmung dämmt wenig! Vollholz dämmt und speichert!

Text 37: Strahlungsaufnahmefähigkeit

*„**14.** Die Strahlungsaufnahmefähigkeit einer Wand wird im Wesentlichen durch die Farbe bestimmt. Weisse Wände haben eine hohe Strahlungsreflektion und nehmen deshalb wenig solare Energie auf.* **Die Unsitte, weisse Gebäude zu erstellen**, *ist eine Modeerscheinung der inkompetenten Architekten, die keine Heizenergie einspart. Da Architekturmodelle in weiss darzustellen sind, glaubt der Architekt, dass weisse Gebäude in der Realität die gleiche Wirkung erzielen würden.* **Weisse Gebäude sind ebenfalls ein Relikt der „Moderne!**"*(7)*

Deswegen ist der rote Backsteinbau oder das Haus mit dem Edelputz viel besser dran.

Heute werden Dämmfassaden oftmals mit sehr starken Farbtönen beschichtet. Dadurch entstehen bei Sonneneinstrahlung sehr hohe Temperaturen, die bei klarem Wetter in der Nacht sehr stark abkühlen. Das kann die Wärmebildkamera aufklären, wenn sie objektiv und neutral eingesetzt wird. Morgens können im Sommer auf den Fassaden Minusgrade gemessen werden. Einfach messen und wundern!
Realitäten können knallhart sein für den Einen, und Aufklärung für den Anderen! Aufklärung ist Wissenszuwachs für alle Menschen.

Text 38: Wärmebrücken, Sorptionsfähigkeit

*„15. Die Wärmebrücken bei Fassaden gelten als hohe Energieverschleuderer. Niemand bedenkt, dass die Abwicklungen von Wärmebrücken auch erhöhte Einstrahlungsfächen bilden. **Bis heute gibt es keine realen, experimentellen Untersuchungen von Wärmebrücken.** Wärme fliesst nur von Warm nach Kalt, die von aussen einwirkende solare Strahlung bleibt unberücksichtigt. Würde man den Energieverbrauch der Wärmebrücken bei einem im „Jugendstil" erstellten Haus berechnen, so ergeben sich Verbrauchswerte jenseits aller Vorstellungen. Dennoch ist der Energieverbrauch dieser Bauten geringer als bei hochgedämmten Gebäuden in aktueller Bauart.*
*16. Die Sorptionsfähigkeit ist eine Wandeigenschaft, welche durch die Kapillarität der verwendeten Materialien bestimmt ist. Die Sorptionskette von innen nach aussen: Papiertapete-Gipsverputz-Ziegel-Aussenputz mit Kalk, ist bis heute optimal. Gebäude mit dieser Sorptionskette benötigen zur Entfeuchtung keine Komfortlüftung. **Da Faserdämmstoffe keine Kapillaren aufweisen, können sie auch kein Wasser von innen nach aussen transportieren, weshalb sie als Dämmstoff ebenfalls ungeeignet sind."(7)***

Die Politik und die Industrie werden einlenken, wenn die Kunden das funktionierende Bauen fordern. Ich informiere sie mit dem Buch so umfangreich, dass sie, als Hausbesitzer, Bauherr und Mieter funktionierende 100%-Häuser und 100%-Wohnungen verlangen können. Der Kunde ist letztendlich, der, der das Bauen für die Nachwelt verändern kann und muss! Er bestellt, kauft und gibt eine Konstruktion in Auftrag. Nur er ist letztendlich dafür verantwortlich, denn er erteilt mit seiner Unterschrift den Auftrag und er kann sich informieren. Denn die kritische Szene gab es immer ohne Unterbrechung.

Text 39: Oberflächenstruktur

„17. Die Oberflächenstruktur einer Fassade mit Lisenen, Gewänden, Stürzen, Vor- und Rücksprüngen, bestimmt, ob eine flache Wand infolge laminarer Luftströmung schnell auskühlt oder ob die Auskühlung bei einer strukturierten Wand mit turbulenter Luftströmung vermindert geschieht. Auch grobkörnige Putze wie z.B. ein Kellenwurf kann den Strahlungsgewinn infolge der vergrösserten Fassadenoberfläche verbessern.(7)

Das Herzstück früherer Baumeister war ihre Fassade, die Türmchen und Vorsprünge. Da konnten sie ihre ganze Individualität ausleben. Die Jugendstilfassaden sind immer ein Hingucker. Leider wird in diese Richtung nicht oder kaum noch ausgebildet. Heute ist alles nur noch Platte.

Text 40: Schalldämmfähigkeit, Gesundheitsverträglichkeit

„18. Die Schalldämmfähigkeit einer Wand steigt exponentiell mit der Wanddicke und dem spezifischen Gewicht des Wandmaterials. Es gelten die gleichen Erkenntnisse wie bei der Wärmespeicherfähigkeit (siehe Punkt 11). Plant ein heutiger Architekt eine Wand mit Polystyrolaussendämmung hat er zu wissen, dass Resonanzen und Nebenwegübertragungen des Schalls den Wohnkomfort in einem Gebäude drastisch beeinträchtigen können.

19. Die Gesundheitsverträglichkeit einer Wand ist für den Menschen ein hohes Gut. Gips auf der Wandinnenseite ist hygroskopisch und entfeuchtet den Raum optimal, wobei ein konventioneller 3-Schicht-Kalkverputz auf der Aussenseite für die aus dem Gebäudeinnern transportierte Entfeuchtung mit hoher Desorption sorgt, gleichzeitig Ungeziefer fernhält und den Algenbewuchs verhindert. Fassadenanstriche mit organischen Bindemitteln aus Kunstharzen vermindern krass die Gesundheitsverträglichkeit von Fassaden.

*Architekten sollten wieder lernen, wie anorganische Farben ange-
wendet werden können."(7)*

Auch andere Bauexperten die sich mit dem Schallschutz richtig und
fachmännisch beschäftigen, sagen dass wir heute schalltechnisch
auf einem Niveau von 1949 sind.
In den schon angeführten Fachbüchern stehen die für heute immer
noch besten Schallschutzlösungen. Wenn wir besser werden wollen, dann müssen wir ein paar Schritte zurückgehen. Sonst wird die
Diskrepanz zwischen funktionierenden und nichtfunktionierenden
Häusern immer größer!

Text 41: Diffusionsfähigkeit, Feuersicherheit

*„20. Die Diffusionsfähigkeit ist die Mutter der Sorptionsfähigkeit.
Poren und Kapillaren sind für das Entfeuchtungssystem einer
Wand zuständig. Drei Wassermoleküle bilden in einer Pore einen
Tropfen Wasser, der mit dem raumseitigen Partialdruck über die
Kapillaren an die trockene Aussenluft transportiert wird. Wie bei der
Gesundheitsverträglichkeit behindern organische Farbanstriche die
Diffusionseigenschaften einer Fassade.
21. Die Feuersicherheit einer Wand wird durch das Verwenden
nichtbrennbarer Baustoffe gesichert. Brennbare Dämmstoffe wie
Holz, Kunststoff, Kunststoffschäume aus Polystyrol, Polyurethan,
Phenolharz, Harnstoff etc. und auch mit Phenolharz gebundenen
Mineralfasern sind zu vermeiden bzw. zu verbieten."(7)*

Immer wieder ist bei den Anforderungen der gebrannte Vollziegel
der Gewinner. Wie schon in den bauphysikalischen Prozessen ausführlich behandelt, sind die Diffusionsvorgänge zu 100% zu beachten. Wer dies macht und danach plant, kommt zwangsläufig beim
Ziegelstein raus.

Beim Brandschutz ist es nicht anders. Allerdings werden schon seit
Jahrhunderten traditionell Holzhäuser gebaut. Wer sich ein Holzhaus baut, sollte sich um den Brandschutz Gedanken machen, da
die Versicherungen im Vergleich viel höher sind.

Text 42: Entsorgungsfähigkeit, Nachhaltigkeit, Ökologie

„22. Die Entsorgungsfähigkeit einer Wand sollte von Beginn an einer Planung beachtet werden. Jedes Gebäude wird irgendeinmal abgebrochen und sollte dann keine giftigen Stoffe in die Umwelt freisetzen. Der Architekt sollte schon bei der Planung an das Recycling seiner „freigesetzten" Stoffe denken um die Ressourcen - z.B. Betonkies - zu schonen. Im Energiebereich einer Wand ist die Entsorgung von Ziegeln problemlos, wogegen Kunststoffschäume wie Polystyrol sehr problematisch sind, weil diese verbrannt werden müssen.

23. Die Nachhaltigkeit - Ökologie - ist ein viel gehandelter Begriff, welcher für eine Wand beschreibt, dass eine gute Investition länger halten soll als Ramsch. Deshalb ist ein Architekt dafür verantwortlich, dass die Dauerhaftigkeit der von ihm geplanten Bauteile gesichert ist. Die in Mode gekommenen Wände aus „isoliertem Pappendeckel", hochgedämmte Ständerkonstruktionen, „Glasschwartenbauten" etc. sind deshalb nicht nachhaltig.(7)

Das theoretische Sondermüllbauen haben die Grünen und „Klimaretter" forciert! Was ist beim Sondermüllbaustoff ökologisch?

Text 43: Gesamtenergiebilanz, Energieverbrauch

„24. Die Gesamtenergiebilanz einer Wand wird durch die Energie-Verbrauchs-Leistung (EVL) in Watt pro Kubikmeter Gebäude und der gemessenen Temperaturdifferenz in W/m3K beschrieben. Allerdings wird es noch gefühlte 100 Jahre dauern, bis die angebliche Wissenschaft der Bauphysik diesen Wert verinnerlicht hat, obwohl dieser Norm-Wert bereits vor 90 Jahren in ganz Europa als „Kennziffer" zu Vergleichszwecken bekannt war.

25. Der Energieverbrauch einer Wand wird durch die 8 energierelevanten, vorgenannten Faktoren bestimmt (siehe Punkt 10 bis 17), welche nachfolgend mathematisch und physikalisch präzisiert werden.

Ein Architekt offenbart sein Wissen. **Es ist unglaublich und genial, was Menschen für uns Menschen hinterlassen! Es sind immer kleine Baussteine, welche uns zum Ganzen führen. Dass Menschen schon vor ca. 80 Jahren gewusst und bewiesen haben, wie die Energieverbräuche von Gebäuden berechnet werden können, bringt uns zur Besinnung.**

Wenn ich die Schriften eines Dipl. Bauingenieur FH, Architekt, Bauphysiker, Energie- und Bauschadenexperte Paul Bossert verstehe, dann haben es alle anderen studierten Diplom-Ingenieure und Professoren zumindest zu überprüfen!

Ich habe ihn 2020 gefragt, ob ich seine Schriften, die auch den Weg zum 100%-Haus-Bauen aufzeigen, in mein Buch mit aufnehmen darf.

Danke, ich habe größten Respekt vor Ihrem Wissen und Tun!

Text 44: 8 Energierelevante Faktoren einer Wand

Paul Bossert beschreibt nicht nur die 25 Anforderungen an eine Außenwand, er präzisiert die Anforderungen mathematisch und physikalisch so, dass jeder **Bauingenieur oder Lehrprofessor** verpflichtet ist, sich damit eingehend auseinanderzusetzen. Sonst verspielen sie ihren letzten Kredit. **Denn sie betrügen** nicht nur sich selbst, sondern alle Menschen, ob Lehrlinge, Studierende, Meisteranwärter, Bauherren, Politiker und die geldgierige unwissende Industrie. Längst sind die Gerichte gefordert, dass da für alle Menschen endlich RECHT gesprochen wird!
Die 8 energierelevanten Faktoren einer Wand, welche sicher für die Studierenden gedacht sind, kann jeder auf seiner Webseite einsehen und studieren.

Kapitel VI: 100%-Lösungen für den Neubau mit Erifol®-System

Text 45: 100% Neubau - Massivbau

Alles was ich hier anspreche hat nur ein Ziel, dass wir Menschen gemeinsam das Bauen auf den Prüfstand stellen und neu aufstellen. Alles was mir dazu notwendig erscheint, schreibe ich auf, damit wir darüber sprechen, verhandeln oder es weiter entwickeln können.

Was ich vor 2 Jahren schrieb, ist heute eingetreten. Mit dem Erifol®System drängte ein System auf den Markt, welches ich nicht mehr ignorieren konnte, nur weil die Folie sich so kalt anfühlt, aber letztendlich doch recycelbar ist.

Vor 45 Jahren, im Buch von Eichler (4), werden alle wichtigen bauphysikalischen Vorgänge bis zur menschlichen, geistigen Vollendung beschrieben und erläutert. Das ganze Dilemma von damals wird aufgezeigt. Es gilt heute um so mehr.

Das sich Menschen und Bautechniken weiter entwickeln, zeigen die Erifol®-Experten. Sie sprechen mit Recht von einem Paradigmenwechsel vom HEIZEN zum ERIFOL®-SYSTEM.

Eichler(4) beschreibt die Neubauten von damals treffend:
„Bei Neubauten treten Konzeptions-, Material- und Verarbeitungsfehler oft in so enger Verflechtung auf, dass der Sachverständige kaum in der Lage ist, diesen Komplex zu entwirren. Eindringendes Regenwasser mischt sich mit Kondenswasser und innenseitig gebildetem Tauwasser - das Wasser kommt durch die Dachdecke, durch undichte Gesimsanschlüsse, durch offene Fugen der Wandkonstruktion und durch die Fenster. Zu diesen Mängeln kommen noch Besonderheiten, die die spezielle Gestaltung des Baukörpers mit sich bringt."(4)

Eigentümer von 25 Eigentumswohnungen bei Münster warteten vor 2 Jahren schon 3 Jahre auf eine Abnahme.

Außer unzähligen Fehlern zeigte sich dort gebündelte, kriminelle Energie. Denn schon bei der Angebotsphase wurde auf Detailzeichnungen verzichtet. Wie sollen dann Handwerker fachgerecht ausführen. Sie können den Auftrag nur ablehnen. Letztendlich findet sich aber immer eine Firma. Es gibt viel zu viele Firmen oder

Planer, welche machen können was sie wollen ohne, dass sie dafür zur Verantwortung gezogen werden.

Der 100%-Neubau kann nur gelingen, wenn ein kategorisches Umdenken, weg **vom U-Wertdenken- und Rechen, zum U-Wert-Effektiv-Denken** stattfindet. Die Menschen in den Bauämtern müssen sehr schnell lernen, wenn sie mithalten wollen.

Als Maurermeister mit über 43 Jahre Bauhandwerkserfahrung verstehe ich die hier aufgeführte Bauphysik und die Anforderungen an eine Außenwand. Für die Außenwand kommt trotz des Erifol®-Systems nur der volle natürliche Ziegelstein in Frage, gerade weil durch das Mauerwerk im Kreuzverband die beste Homogenität bekommt. Dazu kommt als Schutz für das Haus ein natürlicher Dreilagenputz und zusätzlich ein ausreichender Dachüberstand.

Innen steht für mich auch der Kalkputz an oberster Stelle.

Der Lehmputz war immer Tradition, in Verbindung mit Fachwerkhäusern. Heute ist er mehr eine Modeerscheinung. Es gibt zu viele Probleme im Umgang mit Lehmputz, was weniger am Lehmputz liegt. Die falsche Heizung ist das Problem wenn es schimmelt! Der Lehmputz ist ein guter Nährboden für Schimmelwachstum und bei Konvektionsheizung nicht empfehlenswert.

Der Gipsputz war nicht Teil meiner Lehrausbildung. Auch in alten Baufachbüchern steht wenig über Gipsputze. Heute lehne ich ihn für mich ab, weil er nur ein Abfallprodukt sein soll, was auch noch genau nachgeprüft werden muss! Denn nur die besten Baustoffe gehören in ein 100% Haus! Eine kleine Kelle Gips damals vor 40 Jahren, als Zulage in den Kalkmörtel für den Deckenputz, damit er besser klebte, das wars. Deckenputz gibt es heute allerdings nicht mehr!

Wenn der Gipsputz damals vor 40 Jahren besser als der Kalkputz gewesen wäre, dann wäre er Bestandteil unserer praktischen Lehrausbildung gewesen!

Die Menschen haben sich an die Konvektorheizung und ungesunde Heizungsluft gewöhnt. Was ist, wenn sie einige Wochen die Strahlungsheizung, besser die Temperierung erleben dürfen.

Das sind die Grundlagen, das Grunddenken für einen 100%-Neubau! Ja, so schnell ist der 100%-Neubau abgehandelt. Der volle, gebrannte Ziegelstein kann mit Feuchtigkeit am besten umgehen.

Ich bin auch für ein Vollholzhaus. Allerdings ist es da genauso wie beim Massivziegelbau, die Vollholzkonstruktionen müssen erst neu erfunden werden, da die Holzhäuser 30 Jahre lang hinter den Holzständerkonstruktionen mit dicken Dämmungen verschwanden. Das hat aber nichts mit Vollholzhaus zu tun. Das ist Augenwischerei, wenn auf dem Firmenschild Holzhaus steht und überwiegend Dämmstoffe in den Konstruktionen zu finden sind, welche nicht mit Feuchtigkeit umgehen können!

Da wird sich in den nächsten Jahren entscheidendes ändern, weil Bauherren, die keine Dämmung mehr auf die Vollholzkonstruktion haben wollen, verantwortungsbewusste Architekten und Handwerker finden werden.

Text 46: Außenwand ein- oder zweischalig?

Das Erifol®-System nimmt es mit beiden Außenwänden auf.

Die einschalige Außenwand ist entsprechend den bauphysikalischen Prozessen und den 25 Anforderungen an eine Außenwand, die homogenste Wand. Dazu gesellt sich wie ein Krimi, die Temperierung, auf die ich später mit dem Erifol®-System eingehen werde.

An 100 Jahre alten Backsteinhäusern ist immer wieder am Mauerverband zu sehen, ob sie aus ein- oder zweischaligen Außenwänden bestehen.

Die wissenschaftlichen Untersuchungen über den Massivhausbau stehen seit Mitte der achtziger Jahre des vorigen Jahrhunderts still.

Wenn wir zum 100%-Neubau gelangen wollen, dann müssen schnellstens Studierende, Ingenieure und Professoren genau da wieder anknüpfen.

Mein 100%-Haus plane ich ab 36,5 cm dicken Außenwänden ohne Luftschicht. An den Nordseiten würde ich je nach Örtlichkeit eine 49 cm dicke Wand planen. Es ist auch überlegenswert, die kalte Ostwand in 49 cm auszuführen. Mit dem Erifol®-System wird sich auch da meine Sichtweise ändern. Letztendlich darf der Bauherr entscheiden, was er bis jetzt, weder konnte noch durfte.

Das ist jetzt **mein** Stand. Neue Erfahrungsberichte nehme ich gerne in mein Buch auf, das sich immer mehr erweitern wird.

Ich habe 20 Jahre in einem 100 Jahre alten Haus mit zweischaligen Wänden gelebt. Außen 24 cm Vollziegel-Mauerwerk, Luftschicht 4-6 cm und Innenschale mit Langlochsteinen hochkant 7 cm dick.

Im Winter war es kalt, was sicher mehr an der Konvektorheizung und den Heizkörpern lag. Im Sommer war es dagegen angenehm kühl. Statisch gab es nirgendwo Risse.
Heute stimme ich mit Paul Bossert überein und würde nur einschalige Wände planen. Mir fehlen da die Einwände, zumindest solange bis umfangreiche Untersuchungen zwischen Außenwänden mit Strahlungsheizungen stattgefunden haben. Unterm Strich fehlen dazu Langzeitstudien.
Diese Langzeitstudien benötigt das Erifol®-System auch nicht mehr.
Aus allen Theorien und meiner Praxis heraus, ist die einschalige Wand für mich die 100%-Lösung.

Text 47: Dämmung am und im Neubau

Das 100%-Bauen wird keine zusätzliche Dämmung enthalten! Mit den Dämmkonstruktionen baue ich mir zu 100 Prozent Bauschadensfallen ein, die obendrein noch unnatürlich und unwirtschaftlich sind.

Die Erde muss in einem hochentwickelten Land wie Deutschland, alle Stoffe wieder hundertprozentig aufnehmen können, ohne Schaden zu nehmen. Die meisten Dämmungen sind heute schon bei der Herstellung Sondermüll.
Die Verbraucherzentrale Niedersachsen sagte anläßlich eines Vortrags im Herbst 2019 in Hannover über Wärmedämmung, dass zum Beispiel Styropor (Polystyrol) kein Sondermüll ist. Worte werden neu definiert und dann ist das so, basta.

Das müssen und dürfen wir nicht hinnehmen, schrieb ich vor 2 Jahren. Das Erifol®-System und normal denkende Bauherren werden diese Problem in Luft auflösen.

Die einfachste Vorgehensweise jedes Bauherrn ist der Anruf bei einer Mülldeponie mit der Frage nach den Abfallgebühren. Auch die viel gepriesene „natürliche" Holzweichfaserplatte ist meistens Sondermüll.
Immer sollte bei Baustoffen die Volldeklaration eingesehen werden. Bei Holzweichfaserplatten ist es der Kleber, der den Baustoff zum Sondermüll macht! Das sieht jeder schon an den Müllgebühren die dafür fällig werden. Dann ist es Sondermüll, zu 100%!

Fangen wir an mit der Gründung und Bodenplatte. Es heißt, eine Bodenplatte braucht zum Austrocknen ca. 4 Jahre. Es stellen sich folgende Fragen:
- Trocknet die Bodenplatte überhaupt aus?
- Wieviel Feuchtigkeit bleibt nach 4 Jahren übrig?
- Wird das irgendwo geprüft?
- Was soll die Dämmung unter der Bodenplatte bewirken?
Alle Fragen müssen von Universitäten beantwortet werden!

Weiter geht es hoch zur Kellerdecke, zur oberen Geschossdecke, über die Fassadendämmung zur Dämmkonstruktion im Dach.

Nur durch das U-Wert-Rechnen werden heute Kubikmeter Sondermüllplatten unter die Bodenplatte gelegt. Die Dämmdicken im Dachgeschoß sind bei 40 cm angekommen. Das heißt die Sparren müssen immer mehr aufgedoppelt werden. Immer mehr Holz und dickere Dämmung, in Verbindung mit den „intelligentesten" Folien, die trotzdem kaum funktionieren.

Alle Baustoffe sind überwiegend Sondermüll, die Unwirtschaftlichkeit und Bauschadensfallen sind ständige Begleiter. Lassen Sie sich immer die Wirtschaftlichkeit ausrechnen! Nach dem Gebäudeenergiegesetz ist das Pflicht! Lassen Sie sich erklären, wie die einzelnen Konstruktionen **miteinander** funktionieren.
Die laptopdenkenden Energieberater sind den Bauherren Erklärungen schuldig!

Text 48: 100% Neubau-Gründung ohne Dämmung?

Der Architekt Sven Georgi und ich waren sich vor 2 Jahren einig. Wir denken das Haus neu! **Wasser** ist zur Zeit die Nummer 1 im Weltwettkampf. Sand und Kies sind die Nummer 2! Die Meeresspiegel-Erhöhung wird immer mehr zum Klimageschwätz!
Gehen Sie an den Strand und spielen Sie mit Kindern! Bauen oder schütten Sie einen großen Berg mit Sand auf. Was passiert, wenn die Flut kommt und den Berg umspült. Nach und nach fällt der Berg immer weiter zusammen, bis er verschwunden ist.
Wer weiß schon von den wirklichen Vorgängen in der Welt?
Genauso ergeht es unzähligen Inseln und Stränden am Ozean. Überall wird um die Inseln der Sand geklaut und zu Geld gemacht. Die Ärmsten kratzen ihn zusammen, damit die Betonburgen in aller Herren Welt in die Höhe schießen können. Denn dafür wird der Sand gebraucht.
Überall auf der Welt werden Inseln dadurch im Ozean verschwinden. Mit dem Anstieg des Meeresspiegels hat es eher weniger zu tun.
Es gilt so viel wie möglich von dem teuren Gut einzusparen!

Zuerst sparen wir unter der Bodenplatte die Dämmung ein, wegen bauphysikalischer Sinnlosigkeit und Unwirtschaftlichkeit.
Auch hier kommt das Erifol®-System ins Spiel, im Kapitel VII ausführlicher!

Danach ist zu klären ob mit oder ohne Keller gebaut wird und ob eine Bodenplatte gebraucht wird. Heute ist das alles gang und gäbe und wird nicht hinterfragt. Wenn mit dem U-Wert effektiv gerechnet wird, verändert sich in dem Bereich sehr viel.

Einfache, offene Fußbodenaufbauten hat schon Eichler 1964 (10) beschrieben. Fußkalte Böden werden zum Beispiel durch Estrich und Fliesen verursacht. Die Böden werden nur mit einer Fußbodenheizung warm. Diese Heizung ist allerdings keine 100%-Heizung (11),(12). Dazu später mehr. Eichler(10) stellt klar, dass unter Bodenplatten in unseren Breiten ca. 5 Grad herrschen.

Bodenplatte heute: Zwei
Dämmschichten mit insgesamt
ca. 30 cm x 120qm
= 36 Kubikmeter Sondermüll!
Ca. **10** Arbeitsschritte !?

Vor 10 - 15 Jahren Aufbau ohne
Dämmung! Arbeitsschritte ca. **6**!
Wirtschaftichkeit!

Gemalt: Jaskulski - Aufbau Bodenplatte 6 oder 10 Arbeitsschritte?

Eine Dämmplatte hat keine Wirkung, wenn sie unter der Bodenplatte liegt. Das war so und hat sich nicht geändert!
Er schreibt dann auch sehr deutlich, dass unter dem Estrich Dämmplatten fast immer wirkungslos sind! Klar, eine Schalldämpfungsschicht unter dem Estrich ist immer zu planen. Früher genügte Wellpappe!

Wir werden uns wundern, welche Einsparmöglichkeiten mit dem funktionierenden U-Wert-Effektiv-Denken einher gehen und mit dem Erifol®-System noch mehr. Einfache, offene Fußbodenaufbauten hat schon Eichler 1964 (10) beschrieben. Fußkalte Böden werden zum Beispiel durch Estrich und Fliesen verursacht. Die Böden werden nur mit einer Fußbodenheizung warm. Diese Heizung ist allerdings keine 100%-Heizung (11),(12). Dazu später mehr. Eichler(10) stellt klar, dass unter Bodenplatten in unseren Breiten ca. 5 Grad herrschen. Natürlich kommt es auch auf die Bodenverhältnisse und auf die Tragfähigkeit des Baugrundes an. Aber um jeden Preis eine Bodenplatte herzustellen, weil es jeder macht, ist zu hinterfragen.

Früher wurde bei günstigen Bodenverhältnissen sogar auf Streifenfundamente verzichtet, allerdings gab es da auch über halbe Meter dicke Wände im Keller. Heute werden Bodenplatten oftmals mit doppelt soviel Stahl geplant und hergestellt, wie vor 10 Jahren, obwohl durch die Dämmerei die Häuser immer leichter werden müssten!
Mit dem U-Wert-effektiv fängt das 100%-Bauen an! Fordern Sie Ihre Planer und Architekten, damit diese wissen warum sie studiert haben!

Text 49: 100% Neubauwände aus Stein

Die Außenwände haben sich über Jahrhunderte entwickelt. Oftmals wurden auch meterdicke Außenwände hergestellt. Bis ca. 1900 war Vollmauerwerk angesagt, ohne irgendwelche Hohlschichten oder großformatigen Steine.
Das Problem der aufsteigenden oder durchdringenden Feuchtigkeit war bis dahin immer gegeben. Gegen aufsteigende Feuchtigkeit wurden Teerpappen verwendet die allerdings nach Jahrzehnten nachgaben oder es gab die grobe Mörtelschicht, welche wie beim Dreilagenputz, das Weitergehen der Feuchtigkeit verhindert.
Der Sockelbereich war immer ein Problem und das ist er bis heute, wie überall sichtbar ist. Dazu gibt es später noch eine 100%-Lösung.

Wenn der Außenputz mit dem Dreilagenputz oder Edelputz ausgeführt wurde, gab es kaum Probleme. An einlagigen Glattputzen zeigten sich dagegen häufig Feuchtigkeitsschäden. Statt diese Probleme konsequent zu lösen, wurden die Außenwände grundlegend verändert. Diese Entwicklung, besser Verwicklung falscher Baustoffe mit veränderten Putzen, ist bis heute festzustellen.

Hohlmauerwerk und Lochziegel veränderten den Hausbau umfassend. Dazu kam der Stahl, in Form von Stahlträgern, die damals kaum einen Rostschutz erhielten und uns bis heute Probleme bereiten.

In allen alten Baufachbüchern werden die Vor- und Nachteile der Baustoffe und der verschiedenen Außenwände beschrieben. Es hält sich nur kaum jemand daran.

Die alten Fachbücher und Schriften von Eichler (4,10) oder Bossert (7), sowie die neuen Fachbücher von Meier (5), zeigen klar welcher Baustoff und welche Außenwand die 100% erreichen können.

Denn auch Hohlmauern in (3) beschrieben, machten von Anfang an Probleme.
„Die Luftschicht soll eine Isolierung gegen außen auftreffende Feuchtigkeit und gegen Wärmeverluste bilden. Beides ist aber nur bedingt zu erreichen."(3) 1939 wurde schon der Hohlmaueraberglaube beschrieben und 1941 schrieb man vom Sinn und Widersinn der Luftschichten!

Das Gleiche gilt für die Lochsteine! Sinn und Widersinn?
Der Schallschutz läßt mit der Zunahme der Löcher immer weiter nach! Die Wärmedämmfähigkeit der Steine wird immer wieder in Frage gestellt. Die Wärmeleitung, also die Weiterleitung von Wärme wird in den Hohlräumen kaum aughalten! Weil auch immer wieder der Bezug zur richtigen oder falschen Heizungsform gefunden werden muss?
Es wird noch eine Weile dauern bis der volle Ziegelstein in den Köpfen wieder ankommt. Ein Rohbau darf seine Zeit dauern! Seine hohe Qualität kann **Jahrhunderte** einwandfrei funktionieren, was heute noch überall sichtbar ist.

Eine einschalige Außenwand aus vollen Ziegelsteinen hat die meisten Vorteile. Nur darum geht es! Gute Maurer ziehen die Ecken der Ziegelwand hoch und Lehrlinge nimmt man dazu, damit sie erstmal ein Gefühl für Steine und den Mörtel bekommen.

Durch das U-Wertbauen sind Türenhäuser heute Mode. Fasst alle Fenster werden bodentief geplant und eingebaut, was ungeheure

Mehrkosten verursacht. Eine gemauerte Brüstung ist immer Schutz für ein Haus. Sie schützt Kinder und Erwachsene vor ungebetenen Blicken und bewahrt unter anderem unsere Privatsphäre. Türenhäuser gehören zu den unwirtschaftlichsten und kostenträchtigsten Bauweisen! Diese Häuser verlieren ihr Gesicht. Der Goldene Schnitt, welcher früher das Maß aller Baumeister war, gibt es nicht mehr.

Man braucht nicht überall große Fensteröffnungen, die dann durch dicke Dämmschichten wieder kleiner werden.
Beim Aufmauern der Außenwände werden schützende Anschläge gemauert, an die das Fenster wieder angelegt werden kann.
Die Leibungen werden schräg gemauert, damit das Licht und die Sonne viel länger in die Räume gelangen.

Der Aufwand scheint recht hoch, wenn Häuser mit dem Ziegelstein gemauert werden sollen. Aber der Aufwand, der heute in der Ziegelindustrie betrieben wird, ist immens hoch. Unzählige verschiedene Ziegelgrößen und Sorten werden heute hergestellt, die die Eigenschaften der Außenwände eher verschlechtern als verbessern. Es müssen riesige Lagerflächen finanziert werden, damit alle Sorten immer vorrätig sind, die dann teuer durch das Land gekarrt werden. Die Folge, hohe Ziegelkosten!

Massivhäuser aus Holz sind heute sehr begehrt. Die meisten Bauherren bekommen aber keine Vollholzhäuser, weil die Verordnungen, dies nicht zulassen.
Hinter Holzhäusern verstecken sich meistens Fertighäuser in Holzrahmenbauweise, mit vielen verschiedenen Baustoffen, die nicht zusammenpassen und überwiegend nicht mit Feuchtigkeit umgehen können.
Die wichtigste Eigenschaft vom Holz, ihre Natürlichkeit, wird ganz nebenbei durch riesige Trockenkammern für immer zerstört. Hohe Temperaturen zerstören die Zellen des Holzes. Aus dem Naturbaustoff wird ein toter Stoff! **Das fühlt der Mensch, kann jeder nachprüfen!**

Auch Blockhäuser oder 20 cm dicke Vollholzkonstruktionen werden noch mit der Außendämmung versehen. Alles ist in den vorherigen Kapiteln umfangreich abgehandelt worden.

In Österreich wurde ein **10.000 Stunden-Test** (12) von 3 verschiedenen Häusertypen, über 14 Monate hinweg durchgeführt. Dabei sind sehr gute Erkenntnisse und Erfahrungen gemacht worden. Der Unterschied zwischen theoretischem U-Wert-Rechnen und der Realität ist sehr groß und zu Gunsten des Massivhauses ausgefallen.

Deswegen würde ich höchstens eine 14 cm dicke Vollholzwand planen mit großem Dachüberstand, entweder mit fertiger Oberfläche oder hinterlüftet mit einer Vorsatzschale. Zusätzliche Dämmung gehört für mich nicht dazu. Unwirtschaftlichkeitsberechnungen oder eigenes, richtiges Rechnen werden das belegen.
Auch hier wird das Erifol®-System zu ganz neuen Wandkonstruktionen führen. Das richtige Planen von Häusern wird wieder Spaß machen, weil die Menschen wieder im Mittelpunkt stehen.

Text 50: Überflüssige Betonringanker

Heute werden die dünnen Außenwände, die überwiegend 17,5 cm dünn sind, manchmal sogar nur 15 cm messen, mit Stahlbetonringankern zusammengehalten. U-Schalen werden zumeist auf die Wände geklebt, mit Bewehrungsstahl bestückt und betoniert.

Gemalt Jaskulski

Der Stahlbetonringanker hält zwar den Ring zusammen, aber es zeigen sich immer wieder Abrisse unter den U-Schalen, beim Abreißen zwischen Ziegel und der Mörtelschicht.

Wenn sich Risse hinter den dicken Dämmungen bilden, werden sie lange verdeckt oder zeigen sich dann meistens innen in den Häusern. Instandsetzungsarbeiten bleiben meistens nur Versuche, weil die Spannungen im Mauerwerk bleiben.

Alle Neubaukonstruktionen, die sich vielleicht noch statisch Hinrechnen lassen, gehören auf den Prüfstand.
Ich war immer mehr in der Sanierung tätig und durfte viele haarsträubende Fehler in Rohbauten sehen. Wie in meinem ersten

Buch 2009 beschrieben, gab es Rohbauten mit **15 cm** dicken großformatigen Kalksandsteinen. Die wurden senkrecht durch ganze Geschossen bis **6 cm** tief für Heizungsrohre geschlitzt. Sogar waagerecht schlitzte der Elektriker! Was bleibt dann noch übrig von der Statik?

Bei einer 36,5 cm dicken Wand mit Vollziegeln kann auf Betonringanker verzichtet werden. In alten Fachbüchern werden keine Ringanker gezeigt. In dem alten 1915 gebauten Haus, in dem ich 20 Jahre lebte, lagen die Holzbalken direkt auf der 24 cm dicken Außenwand, ohne Befestigung. Man könnte meinen die Holzbalkendecke schwimmt auf der Außenwand, was auch dem Schallschutz zu Gute kommt!

Durch die homogenen dicken Mauerwerksverbände im Kreuzverband und mit dem dazu passenden Kalkmörtel zeigen die Jahrhunderte Erfahrungen keinen Bedarf für einen Betonringanker!

Das Erifol®-System kommt mit 17,5 cm dicken Wänden zurecht! Allerdings bleibt das Risiko des Abreisens der Ringanker vom Mauerwerk. Die Quintessenz heißt dickere Außenwände!

Das sind alles Prozente zum 100 % Haus-Denken!

Text 51: Decken über Keller und Erdgeschoss

Die Kellerdecken werden heute überwiegend in Stahlbeton hergestellt. Sie können auch mit Stahlsteindecken hergestellt werden. Diese Decken können sehr leicht in Eigenleistung ausgeführt werden, wenn ein Statiker die Bewehrung vor dem Betonieren der Decken abnimmt.

Das Dämmen der Kellerdecke von unten ist ein großes Thema! Wenn der Keller trocken ist und davon muss man ausgehen, dann sind meistens 8-10 Grad in den Kellerräumen.

Wie bei der Bodenplatte, schreibt schon Eichler (10), dass der Temperaturunterschied bis zur Oberfläche des Erdgeschossfußbodens zu gering ist, um mit der Dämmung unter der Kellerdecke bemerkenswerte Ergebnisse zu erhalten.

Auch hier kommt wieder die Temperierung ins Spiel. Eine Heizschleife im unteren Bereich der Wand hebt die Raumtemperatur gleichmäßig an und hält trocken. Heute, mit dem Wissen um das Erifol®-System, stellt sich mir immer mehr die Frage des Energieaufwandes. Sicher wird in einem Kellerarbeitsraum die parallel-durchströmte Temperierung an der Kellerdecke eine gute Lösung sein. Die nach oben entweichende Wärme kann in die Energiebilanz des Erdgeschoss eingehen.

Die Decke über dem Erdgeschoss wird heute ebenfalls überwiegend in Stahlbeton ausgeführt. Feinfühlige Menschen spüren den schweren Beton über dem Körper. Eine echte Alternative sind immer noch Holzbalkendecken, die aber durch die Betondecken abgelöst wurden.

Auf die 36,5 cm dicke Außenwand kann die Holzbalkendecke direkt aufgelegt werden. Verschiedene Ausführungsmöglichkeiten sind in alten Fachbüchern aufgezeigt.
Heute werden viele alte Häuser abgerissen, in denen noch genügend gesunde Holzbalken zu finden sind. Es muss nur ein Umdenken stattfinden, hin zu dem was wirklich funktioniert und dem Menschen angenehm ist. Auch die Holzbalkendecken können gut in Eigenleistung hergestellt werden.
In alten Büchern stehen die genauen Anleitungen, auch für den Schallschutz, auf den besonders geachtet werden sollte!

Text 52: Erdstrahlen, Radiästhesie und Baubiologie

Es gibt Dinge, die der Mensch nicht greifen kann und die trotzdem vorhanden sind. Schnell werden sie als Hokuspokus abgetan. Jeder entscheidet selbst, wie er sich mit gewissen Materien auseinandersetzt.

Radiästhesie, sowie die Ortung und Deutung von Erdstrahlen und ihre Auswertungen, erfolgen auf Grund von Jahrtausende alten Erfahrungen.

Die tatsächlichen Zusammenhänge zwischen Bettstandort und Gesundheit beruhen auf Langzeiterfahrungen und Analysen.

Die Tier- und Pflanzenwelt gibt uns dabei Hilfsunterricht. Beispielsweise sucht sich die Katze als Lieblingsplatz den Platz mit der starken Erdstrahlenbelastung aus.
Der Apfelbaum, der schräg aus dem Erdreich wächst zeigt an, dass der Standort ihm nicht angenehm ist. Die Yucca-Palme dagegen gedeiht bestens, wenn sie in einer besonderen Störzone steht.

Erdstrahlen und Wasseradern können Ursache für gesundheitliche Probleme und Schlafstörungen sein und werden.

Wenn in einer Familie gesundheitliche Probleme vorhanden sind, dann ist es sinnvoll, Haus und Grundstück von einem Baubiologen auf Wasser- und Erdstrahlen untersuchen zu lassen.

Beim Neubau sollten solche Bedingungen geklärt sein, bevor der Architekt das Haus auf einem Grundstück platziert. Ein guter Architekt weiß von diesen Dingen und plant Schlaf- und Kinderzimmer so, dass sich die Menschen erholen und auftanken können!

Da ich nun 16 Jahre mit der Baurevolution unterwegs bin und sich alles nur um das Geldscheffeln dreht, kommen sehr wichtige Aspekte überhaupt nicht zur Sprache. Mit dem Wandel werden sicher alle Baufragen beantwortet. Alles was unseren Körper schädigt, muss und wird hinterfragt werden!

Ein weiterer Haustemperierer meldete sich bei mir mit seinem Erifolsystem(14), das ich für mich ablehne, schon allein wegen des Sondermüll's (Folie) der darin verbaut wird.
Seine Fragen, „wie realisieren Sie Radon- incl. Thoronschutz?" oder das viel gravierendere Problem des Hyperschalls?", kann ich nicht beantworten.
Den Absatz schrieb ich 2020! Das Verlangen von allen Menschen nach Objektivität, ließ mich umdenken!

Text 53: 100%-Dachkonstruktionen in Neubau und Altbau- die Idee zur 100%-Dach-Revolution

Grundsätzlich sind die heutigen Dämmkonstruktionen die geplant, genehmigt und ausgeführt werden, ohne **Wert**. Sie haben mit bauphysikalischen Wissen wenig bis nichts zu tun.
Bauphysikalische Prozesse die zu 100% immer auftreten, lassen die meisten Konstruktionen durchfeuchten und kollabieren. Die Beschreibungen und Erklärungen im Buch von Eichler(4) sind vor 45 Jahren so einleuchtend und überzeugend, dass ich sie Ihnen nicht vorenthalten möchte.

„Warme Luft und Wasserdampf im Innenraum haben einen starken Auftrieb, sie greifen deshalb in erster Linie die Dachdecken an, weniger die Außenwände, die dem Wasserdampf, der nach oben entweichen will, nicht im Wege stehen und außerdem meist durch ihre Fenster diffusionsdurchlässig sind.“

Vor 47 Jahren als das Buch(4) geschrieben wurde, waren die Gegebenheiten noch ganz anders. Die Außenwände waren durch ihre überwiegend natürlichen, diffusionsoffenen Baustoffe dampfdurchlässig. Die Fenster waren aus Holz und diffusionsdurchlässig.

Heute ist alles dicht, auch der Geist, der das Dichtbauen verordnet hat! Dichtbauen und Dichtbauen ist aber nicht das Gleiche, wie wir mit den 2. Systemen;
- heutiges Dichtbauen nach dem U-Wert
und
- dem Dichtbauen mit dem Erifol®-System

Dieses Buch „Bauphysikalische Entwurfslehre“ ist eine hundertprozentige Grundlage für sicheres bauphysikalisches Verstehen.

Auch hier muss ich, müssen wir alle mit dem Wissen um Erifol®-System im Dichtbauen umdenken. Der Unterschied in dem Dichtbauen, dass es bei dem Erifol®-System nachweislich Sinn macht und beim Dämmbauen nachweislich keinen Sinn.
Wer als Bauherr ein 100%-Haus haben möchte, braucht einen Planer, der dieses Buch versteht. Wenn er es versteht, kann er nicht

mehr planen wie bisher. Sie als Bauherr müssen die Planung Ihres Hauses zu 100% regieren, damit sie 100 % bekommen!
Die Architekten werden von den Bauherren lernen! müssenvon Bauherren werden Lehrer! Die Welt dreht sich gerade immer schneller!

„Die moderne Zeit geht dann etwa in den 1920er Jahren zum flachen Dach über (Bild 309), Es hat immer noch einen durchlüfteten Dachboden. Diese Dachkonstruktion ist dem traditionellen Dach somit noch verwandt, und es ist kein Zufall, dass es sowohl im Winter als auch im Sommer bei richtiger Ausbildung wärmedämmtechnisch das leistungsfähigere und diffusionstechnisch das ungefährlichste ist (dies kann sich allerdings bei Fehlkonstruktionen gründlich ändern!)" (4).
Genau da liegt das Problem! **Das U-Wertbauen** hat die Fehlkonstruktionen hervorgebracht!
Auf dem Reißbrett lässt sich alles aufmalen, wie es auch Paul Bossert beschreibt. Aber Baukönnen kommt von Erfahrung. Die Erfahrungen haben wir in den letzten Jahrzehnten gemacht. Erfahrungen der Industrie mit höchsten Wachstumsraten und höchsten Bauschadensraten in Milliardenhöhe, die die Menschen zu tragen haben. Nun kommen die wegweisenden Textstellen für ein Dach!

Die Oberschale bildet den Schirm gegen Wasser, Schnee, Wind und Sonnenstrahlung.
Die Unterschale leistet in erster Linie nur Wärmedämmung!(4)

Das Erifol®-System hat die Wärmedämmung (Folie) innen und die paralleldurchströmte Heizung. Richtiges Denken damals und heute!

*"Entfällt nun der Dachbodenraum ganz, so bleibt nur **eine einzige Dachschale** übrig, die die Warmluft des Baukörpers von der Außenluft trennt und alle bauphysikalischen Aufgaben **allein** zu übernehmen hat.*
*Hierdurch entstehen neue, keineswegs unwesentliche Probleme. Es ist ja aus dem zweischaligen Dach nicht nur ein einschaliges geworden, sondern es ist gleichzeitig aus **dem diffusionsdurchlässigen, steilen Dach ein flaches, dichtes Dach** geworden."(4)*

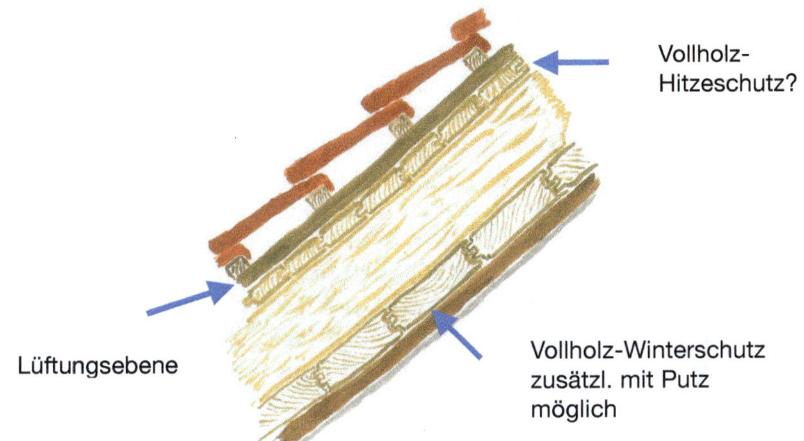

Gemalt Jaskulski - Vollholzdicken müssen aus Erfahrungen und
logischem Denken festgelegt werden! 30 Jahre Erfahrung fehlen!
Universitäten dürfen wissenschaftlich erforschen!

*Der Dachbodenraum ist heute überwiegend Wohnraum, für den
eine einschalige Dachkonstruktion funktionieren muss. Diese Konstruktion soll und muss dicht sein! Von außen ist dies nicht möglich,
weil durch die Dampfdiffusionsumkehr im Sommer, der Dampf von
außen in die Dämmkonstruktion drückt.*

Von innen kann nie eine hundertprozentige Dichtigkeit über die **Lebensdauer der Konstruktion** gewährleistet werden, weil Kunst-
stoffklebebänder mit der Zeit aufgeben und trocknende Dachstühle
schrumpfen und sich zusammenziehen oder Altbauten verdrehte
Dachbalken besitzen, um nur einige Beispiele zu nennen.

Hier noch ein sehr wichtiger Punkt aus dem Fachbuch (4) zur Ver-
deutlichung der Temperaturvorgänge! Bei einem Experiment wurden im Sommer bis 28 Grad Lufttemperatur gemessen. Gegen 16
Uhr wurde folgende Situation festgehalten und in einem Diagramm
wurden alle Temperaturgänge aufgezeichnet.

*„Die Außenluft befindet sich in der Abkühlung. Die **Oberfläche** der Betondachdecke erreicht gerade ihr Temperaturmaximum. In der **Mittelzone** der Decke steigt die Temperatur noch an, in der **Unterfläche** der Decke wird das Temperaturmaximum erst 4 Stunden später erreicht. Es laufen somit innerhalb eines Konstruktionsquerschnitts **gleichzeitig Erwärmungs- und Abkühlungsvorgänge ab**!*
Dies macht man sich meist zu wenig klar."(4)

Vor 47 Jahren waren alle bauphysikalischen Vorgänge klar, in Anbetracht des Entwicklungsstandes. Da hat noch keine **Reflexionsdenkenden und die Reflexionsfolie** auf dem Bau gegeben. Hier zeigt sich, was sich in **wahrhaftigen und freien Köpfen** entwickeln kann.

Die Konsequenz und Lösung kann nur sein:
Hinterlüftete Vollholzkonstruktionen werden die nichtfunktionierenden einschaligen Dämmkonstruktionen ablösen.

„Dachdecken unterliegen nicht nur jährlich, sondern täglich und unter Umständen stündlich erheblichen Temperaturschwankungen."(4)

Aus allem was bisher geschrieben wurde ergibt sich für mich die **hinterlüftete Dachkonstruktion!**
Voraussetzung: Diffusionsoffene Baustoffe!
Die hohe Speicherfähigkeit des Holzes eignet sich wohl am besten für diese Konstruktion. Wenn die Menschen verstehen, welch großes Potential in diesem hervorragenden Fachbuch (4) steckt, dann werden sichere 100%-Dachkonstruktionen die heutigen Dämmkonstruktionen ganz schnell ablösen.

100%-Baustoffe für das Dach:
- Vollholz 4-6-8 cm dick (Erfahrungen und Messungen fehlen)
- Kalkhanfplatten mit Kalkputz
- Schilfrohrmatten mit Putz

Trockene Dächer und Häuser, Wohlfühlwärme und niedrige Verbrauchszahlen sind die beste Werbung für das 100%-Haus.

Text 54: Wie ich meine Ignoranz gegenüber ERIFOL® aufgab!

Ich war 2020 das beste Beispiel für die Ignoranz. Ich hatte keinen Bock, mein natürlichstes Bauen nochmal umzukrempeln oder gar auf den Kopf zu stellen. Ich verlangte in meinen Büchern immer Objektivität und Sachlichkeit. Dem Erifol®-System gegenüber fehlte es mir daran.

Aber geht der Mensch im Gottvertrauen den wahren Weg für sich und die Menschen weiter, dann kommen Dinge in unser Leben, welche uns ins große Staunen versetzen. Was es dann bei mir auch tat!

Im Januar 2021 saß ich bei Volker Hinz(14) im Büro. Er hatte mein erstes 100% Hausbuch gekauft und durchgelesen und war sich wohl bestimmt sicher, dass er mich irgendwann einfängt. Drei Stunden saß ich mit Dr. Wolfgang Horn und Mario Hantschick zusammen. Ich verstand schon sehr viel und wollte und konnte aber noch nicht. Es war viel zu viel, was auf mich einprasselte! Denn es verlangte komplettes Umdenken!
Es brauchte noch seine Zeit, welche Volker Hinz mir mit seiner Engelsgeduld gab.
Als ich die Videoserie im Juli 2021 startete, änderte sich alles. Als Volker Hinz (14) auf mein 64. Video, eine bahnbrechende Antwort gab, war ich vollends eingefangen. Er fragte einen vermeintlich "Wissenden" Temperierungsexperten, ob er die Physik verstanden hat?
Stellte ich ihm eine Frage, gab er auf eine Frage meistens 5 verständliche Antworten. Ich fuhr mehrmals nach Dresden, damit ich von ihm lernen durfte.
Heute ist dieses System, welches viele Menschen ins große Staunen versetzt, die eigentliche Haus-Revolution.
Revolution passt nicht mehr, denn das Kämpfen hört mit dem System auf, wie in der Broschüre des ERIFOL®-Systems auf Seite 2 steht;
"Man schafft niemals eine Veränderung, indem man das Bestehende bekämpft. Um etwas zu verändern, baut man neue Modelle, die das Alte überflüssig machen."(13)
Mit dem Adlerblick auf unsere Häuser, ist das Erifol®-System das größte Modell der letzten hundert Jahre!

Text 55: Natürliches Bauen und kein Bock auf die Erifol®-Folie - Rechenbeispiel zum Nachdenken

Bevor wir richtig einsteigen in das Erifol®-System, ein Rechenbeispiel für die Foliengegner.

Manche Menschen werden vielleicht nie eine Folie im Dachgeschoß oder an den Außenwänden akzeptieren. Ich habe ja auch ein Jahr gebraucht, bis ich sie akzeptieren konnte. Die Zahlen sprechen jedoch eine eindeutige Sprache.

Es geht nicht um meine oder unsere Befindlichkeiten! Es geht um Vernunft und die Realität, dass über 90 % Menschen in ungesunden Wohnverhältnissen leben müssen! Sie haben ein Recht darauf, dass wir Baumenschen, ihnen Morgen ein gesundes Heim liefern!

Ich habe viele Texte und Skizzen aus der ersten Auflage im Buch gelassen.

Nichtsdestotrotz haben mir die Erifol®-Experten, Rechenbeispiele aufgezeigt, welche langfristigen Energieeinsparungen mit der Folie nachweislich erzielt werden können.

Das beste Beispiel liefert Volker Hinz (14) an einen Objekt selbst, wo durch Fehler es nicht funktionierte und jeder daraus lernen kann!

Der Wärmeschutznachweis IR wurde für ein Objekt geliefert. Der Eigentümer, ein Architekt, hat die Arbeiten in eigener Regie ausgeführt. Das gesamte Objekt EG und Dachgeschoß wurde mit dem Erifolsystem berechnet und zur Ausführung in Eigenleistung der Bauherrschaft incl. Bauing./Architekt gebracht. Die vorhandene Holzbalkendecke wurde in den Randbereichen geöffnet und die Erifolfolien vom EG bis Dachschräge durchgezogen. Der Architekt hat dann entscheidende Fehler gemacht!

Es gab eine Holzbalkendecke zum Obergeschoß. Die Folie wurde nur zwischen die Deckenbalken montiert. Ohne das eine Dichtigkeit zu den Deckenbalken erreicht wurde. Auch von den Deckenbalken zu den Außenwänden erfolgte keine Abdichtung. Unter diese Decke kam darunter die paralleldurchströmte Temperierung und eine Gipskartondecke.

Das Dilemma begann mit der ersten Heizperiode. Das Erdgeschoß wurde nicht warm, wie jedoch berechnet wurde. Die Berechnung wurde angezweifelt und eine Rücksprache mit Herrn Hinz erfolgte. Ein öffentlich bestellter und vereidigter (ö.b.u.v.) Sachverständiger wurde von dem Architekten hinzugezogen, welcher von der Temperierung allerdings nur wenig Ahnung hatte.

In der Heizperiode wurde allerdings festgestellt, dass im Dachgeschoß trotz geschlossener Heizkreise im Obergeschoss, sehr hohe ungemütliche Temperaturen entstanden sind. Schnell war dem Herrn Hinz klar, was geschehen sein musste. Die Temperierung in der Decke ging durch die undichten Folienanschlüsse an Holz- und Wandanschlüssen, wie ein Sog ins Obergeschoß!

Die Lösung durch den Bauherren incl. Architekt-Einbau einer Fußbodenheizung (konvektive Heizung) warme Luft an kühle Flächen/Folien inkl. Luftzirkulation EG zum Dachgeschoß. Die Verantwortung der zu erwartenden Bauschäden trägt der Sachverständige inkl. dem Architekten.

Da ging es um ein Einfamilienhaus. Viel wichtiger sind die Mehrfamilienhäuser, wo der Vermieter wissen muss, welche revolutionären Ergebnisse die Erifol®-Folie liefert!

An dem vorigen Beispiel wird knallhart ersichtlich, wie die Physik tatsächlich wirkt. Für die Foliengegner ist das nächste Rechenbeispiel von großer Wichtigkeit!

Nehmen wir ein Haus mit 100 qm Wohnfläche. **Pflicht ist die Dichtigkeit der Gebäudehüllfäche, welche durch den Maurer, Putzer oder Rigipser hergestellt werden muss.**

Durch intensive Gespräche mit Volker Hinz (14) wird mir immer bewusster, wie wichtig es ist eine Luft- und Winddichtigkeit im Gebäude zu erreichen.

Wird zum Beispiel hinter der ersten Erifolfolie keine Luft- und Winddichtigkeit erreicht, dann erfolgt dahinter eine negative Luftzirkulation. Mit einem Blower-Door-Test ist es sehr einfach Leckagen zu finden und die Dichtigkeit zu erreichen! Dieser Test wird mit oder ohne der Erifolfolie zu einem **100%igen Muss oder Pflicht, auf dem Weg zum 100% Haus!**

Das beste Beispiel für uns Menschen ist das Besinnen auf unseren **Kühl- und Gefrierschrank und deren Aufbau!**

Mit der Erifol®-Folie, kann bei den 100 qm Wohnfläche, von 50 qm paralleldurchströmter Heizungsfläche ausgegangen werden.

Wenn keine Erifol®-Folie verbaut werden soll, dann muss je nach Alter und Zustand des Gebäudes, von **100-120 qm Heizfläche** ausgegangen werden, anstatt 50 qm. Diese Heizfläche wird mit nur **26 Grad** Vorlauftemperatur betrieben.

Gehen wir vor dem Einbau der Temperierung von einem Energieverbrauch von 150 kWh/ qm und Jahr aus, dann reduziert sich der Energieverbrauch um ca. 50 % auf 75 kWh/ qm und Jahr.

Die Mehrkosten von zusätzlichen 60-70 qm Heizregistern von ca. 5000 € halten wir fest und kommen von den 75 kWh nochmal 50% runter, auf ca. 25 kWh/qm und Jahr.

Gehen wir von ca. 40 m Außenwände mit Erifol®-Folie aus, also ca. 100qm x ca. 80€/qm, kommen wir auf ca. 8000€.
Die Differenz von 8000€ und 5000€ ergibt 3000€.
Der Verzicht auf die Folie bringt also gerade mal 3000€. Da lohnt sich sich wirklich, dass der Mensch objektiv ins Nachdenken kommt.

**Kapitel VII: Mit Erifol®-System heute sicher
            100% Haus erreichen**

Text 56: Das Denkmal für die ERIFOL®-Erfinder

Für neu zu errichtende und sanierende Gebäude wird heute der Wärmeschutznachweis gefordert, damit die gesetzlichen Anforderungen des Gebäudeenergiegesetzes (GEG) eingehalten werden.

Es gab immer kluge Köpfe im deutschen Lande. Ob Dichter und Denker oder deutsche Erfinder in der Physik. Max Planck oder Stefan Boltzmann gehören zweifelsfrei auch dazu. Max Planck gilt als Begründer der Quantenphysik. Stefan Boltzmann hat es zum Stefan-Boltzmann-Gesetz gebracht und ist ein physikalisches Gesetz, das die thermisch abgestrahlte Leistung eines idealen schwarzen Körpers in Abhängigkeit von seiner Temperatur angibt. Richtigerweise ist es nach den Physikern Josef Stefan und Ludwig Boltzmann benannt, laut Wikipedia!

Wer denkt, dass die Deutschen das Erfinden verlernt haben, wird durch Dr. Wolfgang Horn (15) und Dipl.-Ing. Volker Hinz (14) eines besseren belehrt.
Für mich ist es ein Wunder. Ich habe über 10 Jahre nach den besten Heizungssystemen gesucht hat. Mein Aufruf nach der 100% Heizung in meiner ersten Ausgabe des 100% Hausbuches wurde gehört.
Das Erfinden der ERIFOL®-Folie, war die ein Sache. Ich habe aber von Volker Hinz erfahren, dass Dr. Horn 4 Jahre daran gerechnet hat. **4 Jahre!** Erst dadurch entstand der Wärmeschutznachweis IR (Infrarotstrahlung). Damit hat Dr. Horn die Grundlage geschaffen, was in der heutigen Dämm- und Hauswelt von unschätzbarem Wert ist.
Er stellt damit die Wirtschaftlichkeitsberechnungen für Neubau und Sanierung von Häusern auf den Kopf.
Als Maurermeister verneige ich mich vor ihm!
In meinem zweiten Buch: "Die Dämmlüge und das 100% Haus", ist das 100% Haus entstanden. Überall liegt die Messlatte bei 100 %.

Die ERIFOL®-Erfinder erreichen heute mit dem System die höchste Qualität im Haus- und Heizungsbau!

Text 57: Der Mensch steht mit dem System im Mittelpunkt!

ERIfol heißt: **E**nergie-**R**eflexions- u. **I**solations**fol**ie

Dieses ERIFOL®-System ist die beste Antwort auf das Dämmbauen und das GEG (Gebäudeenergiegesetz). Bei richtiger Anwendung des System, fallen die Energiekosten ins Bodenslose im Verhätnis zu den heutigen Energieverbräuchen!
"Man schafft niemals Veränderung, indem man das Bestehende bekämpft. Um etwas zu verändern, baut man neue Modelle, die das Alte überflüssig machen." (13)

"Das Alte überflüssig machen", kein bisschen sondern, die wichtigsten Grundpfeiler eines Hauses. Die gesamte Gebäudehülle und die Heizung wird komplett auf den Kopf gestellt!

"Ein Forscher- und Entwicklerteam bestehend aus Fachleuten der Bereiche Hochbau, HLS-Planung, Bauphysik und Energieberatung haben in den vergangenen 15 Jahren das Erifol®-System - leistungsfähiges Energiekonzept für Wohn- und Nichtwohngebäude, entwickelt."(13)

Ein sehr wichtigster Aspekt kam nun von Dr. W. Horn, als er sagte; "Wir konnten alles rechnen, noch viel wichtiger sind die Messmöglichkeiten." Spätestens, wenn gemessen werden kann und Häuser in der Nachbetrachtung nach einigen Jahren, **deutlichste** Energieeinsparungen in hunderte Prozentregionen verzeichnen, dann ist dieses Erifol®-System nicht mehr widerlegbar!
Denn das genaue Hinschauen und Rechnen von Dr. Horn offenbart größte Verwerfungen in den gesetzlichen Vorgaben des GEG (Gebäudeenergiegesetz).

In dem GEG steht unter dem § 5 "Grundsatz der Wirtschaftlichkeit" auch ganz klar, in klarem verständlichen Deutsch, dass die Wirtschaftlichkeit die höchste Priorität hat.
Hier zum Nachlesen:
"Die Anforderungen und Pflichten, die in diesem Gesetz oder in den auf Grund dieses Gesetzes erlassenen Rechtsverordnungen aufgestellt werden, müssen nach dem Stand der Technik erfüllbar sowie für Gebäude gleicher Art und Nutzung und für Anlagen oder Einrichtungen wirtschaftlich vertretbar sein. Anforderungen und Pflichten gelten als wirtschaftlich vertretbar, wenn generell die erforderlichen Aufwendungen innerhalb der üblichen Nutzungsdauer durch die eintretenden Einsparungen erwirtschaftet werden können. Bei bestehenden Gebäuden, Anlagen und Einrichtungen ist die noch zu erwartende Nutzungsdauer zu berücksichtigen."(15)
Obergerichte haben schon lange Recht gesprochen und die Nutzungsdauern festgelegt. Für Neubau 20 Jahre und für Altbauten 10 Jahre Nutzungsdauer, wenn des wirtschaftlich sein soll.

Ich habe eine Wirtschaftlichkeitsberechnung vorliegen von Dämmung zum Erifol®-System. Es geht um ein 8 Mehrfamilienhaus mit 8 Wohnungen. Von dieser Berechnung möchten heutige "Dämmexperten", wie Energieberater oder Bauingenieure kaum etwas wissen. Sie werden von der realistischen Berechnung regelgerecht erdrückt!

"Vorab ein paar eigentlich unglaubliche Ergebnisse beim Vergleich KfW-55-Berechnung gegenüber Erifol:

1. **Mit Dämmung** *liegt der Verbrauch bei ca.*   **126** *kWh/(qm x a)*
2. *Mit Erifol®-System kann mind.* **KfW-55**, *also*   **55** *kWh/(qm x a) sicher erreicht werden.*
3. *Mit* **Erifol®-System** *und Wärmepu. können*   **15** *kWh/(qm x a) erreicht werden.*
4. *Sie verlieren mit Dämmung ca.*   **98** *qm Nutzfläche von ca. 780 qm und verschenken 277000€ Investitionskosten*
5. *Kosten: Dämmung+Gasheizung, ungesund, ca.* **1.782500€** *in 50 Jahren bei 2% Teuerung-Energierate*
6. *oder Erifol®-Isolation mit WP+PV, gesund ca.*   **435.100€** *in 50 Jahren (fast) ohne Teuerung-Energie*
7. **gesparte** *Energiekosten mit Erifol®-System ca.* **1.347.400€** *= ca.* **26.900€** *pro/Jahr"(15)*

Ja, es ist unglaublich, weil es kein Schönrechnen ist, sondern es sind nachweisbare Fakten. Dazu noch eine weitere wichtige Information!

Das IR-System ist das einzige System ohne physikalische Probleme, besonders bei Flachdächern!

"Der Bauherr erwartet einen Energieverbrauch **unter** *dem* **vereinbarten KfW-Level.** *Jedoch: er wird* **arg getäuscht** *und wird immer deutlich mehr Energiekosten bezahlen müssen!*

Warum? Das GEG (Gebäudeenergiegesetz) gibt Kennwerte vor, die zu beachten sind, was zu einem geschönten Ergebnis führt.(15)

In der Berechnung werden vier Einflussfaktoren zum Objekt aufgeführt, wodurch ca. 44900 kWh unbeachtet bleiben, also "Weggespart" werden:

1. Raumtemperaturen zu niedrig angesetzt, spart   11.972 kWh
2. Im Sommer muss auch ab und zu beheizt werden   13.560 kWh
3. Dämmstoffe werden zu trocken angesetzt   3.610 kWh
4. Interne Wärmegewinne mit 5 W/qm zu hoch anges. 15.720 kWh

Summe	44.860 kWh

"Damit wird der spezifische Energieverbrauch um 58 kWh/qm zu niedrig angesetzt - geschönt, und der Bauherr wird betrogen.

Der Bauherr kann mit Dämmung nie wirtschaftlich ein KfW-55-Haus erreichen. Aber: es wird mit unseren Steuern gefördert. Was nützt uns diese Erkenntnis? Wir müssen ehrlich rechnen! Und es gibt eine seit 2010 entwickelte und sicher funktionierende Lösung. Der Bauherr kann damit den vereinbarten KfW-Level sogar noch unterbieten."(15)

Das Alte wird damit überflüssig gemacht!

"Das Erifol®-System erfüllt alle Vorgaben und es dient der Umwelt, der Gesundheit, dem Geldbeutel. Nachteile entfallen z.B.: Wir brauchen nicht mehr dick und dicker dämmen, können schlanker bauen und Ressourcen sparen, im Sommer unter dem Dach nicht mehr schwitzen und haben weniger Hitzetote, haben gesündere Raumluft (schlecht für Viren wie Corona); kein Taupunkt mehr, sondern Schimmelfreiheitsgarantie. Das beweisen über 100 realisierte Objekte."(15)

Bringen wir die Zahlen verständlich für alle Menschen auf den Punkt! Wie in dem Vergleich der Dämmstoffe mit dem Erifol®-System unter Punkt 1 und 3 ersichtlich, können diese Zahlen auf unsere Häuser übertragen werden.

Ein Haus mit 100 qm (Quadratmetern) verbraucht mit Dämmung 126 kWh (Kilowattstunden) pro qm und Jahr.
Bei bei 100 qm x 126 kWh macht das 12600 KW im Jahr!
Mit dem Erifolsystem und Wärmepumpe können 15 kWh/qm x a erreicht werden!
Bei 100 qm x 15 kWh macht das 1500 KW im Jahr!
12600 im Verhältnis zu 1500 sind **840 % mehr Verbrauch** von Energie.

Bei den Investitionskosten schlagen zwei Faktoren knallhart zu!
1. Vergleich KfW 55 und ca. 18 cm Dämmstärke mit WLS 023 und PIR/PUR 023 im Verhältnis zu 4 cm Erifol mit Verkleidung!
Der **Materialwert** fällt bei **Dämmung** schon über 16 % höher aus als beim **Erifolsystem!**
2. Dämmen vergrößert die Bruttogeschossfläche, jeder Zentimeter Mehrdicke kostet ca. 1.300€/qm, bei 14 cm Differenz sind das 18.200€ /Jahr.
Bei Vermietung mit 6€/qm bringt der Randstreifen einen Gewinn von 7.091€/Jahr und in 50 Jahren mit 2% Mietsteigerung **611.800€!**

Bei 30 cm Dämmdicke, was heute keine Seltenheit ist, kann jeder selbst weiter rechnen und staunen!

Volker Hinz (14) kaufte vor 2 Jahren mein erstes 100% Hausbuch! Da ich immer von Objektivität und Neutralität sprach, wusste er genau, dass ich irgendwann auf den Erifolzug aufspringe.

Text 58: Einflussfaktoren, mit denen GEG-Berechnungswerte geschönt werden!

Auf dieses Schönrechnen muss nochmal genauer eingegangen werden, weil da nur Menschen hinschauen, welche die wirklichen Zahlen miteinander vergleichen. Schon immer konnte man mit Zahlen manipulieren, vor allem, wenn der Mensch diese Zahlen nicht nachvollziehen kann und wahrscheinlich sowieso nicht nachrechnet!
Was folgend ausgerechnet wurde, ist Wissenschaft, denn dieses Wissen schafft ein Mensch, Dr. Wolfgang Horn! Jeder Studierte Lehrprofessor darf diese Wissenschaft widerlegen!

Es geht um das Gebäude in Merseburg mit ca. 780 qm Nutzfläche.

*"E1 -   Die Lufttemperaturen liegen in allen Räumen mit rund 23 Grad über der mit **19 Grad** vorgegebenen Wert. Das ergibt **11.972 kWh/Jahr.***

*E2 -   Tatsächlich fallen Heizstunden auch im Sommer an. Die notwendige Heizungswärme beträgt ca. **13.560 kWh/Jahr.***

*E3 -   Dämmstoffe werden getrocknet geprüft. Der Feuchteeinfluss wird mit einem kleinen Zuschlag erfasst. Bei Annahme von nur 10% höherer Wärmeleitfähigkeit ergibt sich eine Wärmemenge von **3.611 kWh/Jahr.***

*E4 -   Schlimmster Einfluss: Die internen Wärmegewinne mit 5 W/ qm sind unrealistisch überhöht. Wenn immer noch 2 W/qm angenommen werden, reduziert sich der interne Eintrag um **15.720 kWh/Jahr.***

*E1-4   Durch die unvollständig, konservativ angesetzten Faktoren werden die Wärmeverluste vermindert um **44.863 kWh/Jahr.***

*Dieser Betrag entspricht bei ca. 780 qm Nutzfläche einem spezifischen Energieverbrauch von **58 !! kWh/Jahr.***

Diese Einflussfaktoren beschönigen - sie täuschen zu niedrige Energieverbräuche vor, bewirken u.a. Gesundheitsprobleme. Jeder von Energieberatern ausgestellte Energieausweis wird um einen beträchtlichen Betrag falsch - generell zu positiv berechnet.
*Um das auszugleichen müsste **zusätzlich** dicker gedämmt werden oder und effizientere Anlagentechnik sowie Umweltenergie eingesetzt werden.*
Was bringt ein GEG-Nachweis, der auf falschen Zahlen beruht?
***Der Bundesgerichtshof fordert ein vertragsmäßig vollwertiges Haus."** (15)*

Diese Rechenmodelle gehören in jede Universität, welche Bauingenieure ausbildet. Eigentlich müsste ich die 4 Seiten der Wirtschaftlichkeit von Dämmung und Erifol®-System komplett ins Buch aufnehmen. Jede Universität oder Ausbildungsstelle kann mit Dr. W. Horn in Verbindung treten.

Den Vergleich der wahren Energieverbräuche zwischen **KfW-Vorgabe** und **Erifol®-System mit Wärmepumpe** (ohne PV) kann ich aber nicht vorenthalten. Die gesamte Berechnung kann bei Dr. Horn eingesehen werden.

"- Auf Basis GEG ergeben sich für KfW55 als
*   Primärenergie wie dargestellt gemäß(a)   42.897 kWh/Jahr*
- Laut Gebäudekennwert soll/ will der Nutzer
*   nur die **End**energie verbrauchen und*
*   bezahlen für   33.900 kWh/Jahr*
- In Wirklichkeit kommen mind. 44863 kWh
*   Unterschlagene, schöngerechnete kWh*
*   hinzu. = Summe   78763 kWh/Jahr*
Das übersteigt allein schon (ohne Luftwechsel,
Warmwasser, Gewinne) den Zielwert mit.   101 kWh/qmJahr
*Mit **Verlusten** (Luftwechsel, Warmwasser) und*
***Gewinnen** liegt der spezifische Verbauch noch*
Höher bei ca.   126 kWh/qmJahr,
*   anstelle Kfw55*

Damit Verlust gegenüber Erifol infolge Differenz
126 und 15,1 kWh/qmJahr siehe Zeile 41 in

Höhe von rund   *86.575 kWh/Jahr*
Die Energiekosten *betragen damit pro jahr*
bei Gasheizung mit Dämmung 20.662€/Jahr 1.782.500 €/50 Jahre
                                             mit 2% T.
bei Erifolsystem mit WP   *5.044€/Jahr   435.100 €/50 Jahre*
                                             mit 2% T.
Differenz   **Gewinn 15.618€/Jahr 1.347.400€** (15)

Das sind objektiv und neutral errechnete Zahlen, welche jeder anfordern und bis in alle Einzelteile einsehen kann.
Ich habe ganz bewusst, diese gigantischen Zahlen offen gelegt, bevor das Erifol®-System erklärt wird!

Text 59: Der ganzheitliche Betrachtungsansatz!

"Heutzutage wird eine bezahlbare Energieversorgung ebenso benötigt, wie technische Anlagen mit innovativen Lösungen. Darüber hinaus ist eine Begrenzung der fortschreitenden Klimaerwärmung nur durch die Minimierung von CO2, zu erreichen. Die Umsetzung dieser Ziele ist dabei nur durch die Kombination aus deutlicher Reduzierung des Fossilen Energieträgerverbrauchs und der Nutzung natürlich verfügbarer Ressourcen möglich."(15)

Gut, ob die Minimierung von CO2 überhaupt notwendig ist, müssen unabhängige Menschen noch klären. Fakt ist, dass es eine immer größere Verkomplizierung der Gebäudehülle gibt! Über 100 Dämmstoffe gibt es, welche rundherum eingepackt werden müssten, wenn sie funktionieren sollen. Mit dem Erifol®-System braucht es diese Dämmstoffe zum Dämmen der Gebäudehülle nicht mehr!

"Einen wesentlichen Beitrag zur Zielsrealisierung bieten hierbei Lösungen für die Temperierung von Wohn- und Geschäftsräumen mit **niedrigsten Vorlauftemperaturen.**
Durch die Reduzierung der Vorlauftemperaturen einer Heizungsanlage wird deren Verlustpotential auf ein Minimum reduziert. Und genau hier kommt das ERIFOL®-System zum Tragen.
Entscheidend für die Minimierung des Verlustpotentials ist die korrekte, speziell auf die Gebäudehülle maßgeschneiderte Planung

Volker Hinz bringt es mit einer einfachen Rechnung auf den Punkt. Jedes Grad weniger Vorlauftemperatur bringt 2% Energieeinsparung.
Im Internet kann sich jeder informieren. Die Profis geben gerne die Vorlauftemperaturen zwischen 26 und 38 Grad - abhängig von der Außentemperatur an. **Das spart Energie und Geld! Wirklich?**
Das Erifolsystem paralleldurchströmt mit 26 Grad! Wenn im Winter 38 Grad erreicht werden und das Erifolsystem 26 Grad, sind das 12 Grad Unterschied und über 46 %.

Text 60: Das Erifol®-Prinzip denken und skizzieren

Der Computer nimmt uns Menschen sehr viel ab. Allerdings hat sich der Computer und die Laptops sehr schnell weiterentwickelt. In der gleichen Zeit, entwickelte sich das Bauen in die Richtung gegen das menschliche Haus. Ein Dämmprogramm jagte das nächste Programm und unser Haus ist nichts mehr wert!

Daher ist es eine Wohltat, dass mit Zettel und Stift wieder das Skizzieren im Büro oder auf den Baustellen Einzug nimmt. Das Haus wird sich mit dem Erifol®-System verändern. Tag der offenen Türen finden immer wieder mit dem Zeigen des Systems statt. Auf alten Raufaserwänden lassen sich viele Details einfach aufskizzieren.

Dieses Erifol®-Prinzip ist ein Quantensprung für unser Haus!
Je mehr ich schreibe, male oder weitere Fragen von den Erifolmenschen beantwortet bekomme, ist es ein Quantensprung. Seit 16 Jahren schreibe ich, immer und immer wieder!
In der Physik gibt es den Begriff **Reflexion** schon lange und die **Vorlauftemperatur** hat sich bis runter auf 26 Grad entwickelt. Diese beiden Phänomene, welche das ganze Hausdenken auf den Kopf stellt, werden die Menschen in der kommenden Zeit einfordern.

Bild: Jaskulski - Erifol®-Prinzip skizziert - Dimensionen nicht im Maßstab,
weil die Ebenen mit Mikrometerbereich liegen,
1 mm = 1000 Mikrometer, kurzwellige Strahlung 0,2 bis 3 Mikrometer

Text 61: Paradigmenwechsel vom Heizen zum Erifol®-System!

Hier steht bei der Betrachtung der Mensch im Mittelpunkt!
Weitere wichtige Prozesse sind:
- Vermeidung von Konvektion
- Erifol® - Heizen und Kühlen in einem System
- Prinzip zur Minimierung des Energieeinsatzes
- Potential zur autarken Lösung
- Kosten und Förderbarkeit

"Im Mittelpunkt der Betrachtung steht der Mensch mit seinen Bedürfnissen an das Raumklima.

Heutige Heizungssysteme basieren fast ausnahmslos auf dem Konvektionsprinzip. Hierbei wird zunächst das gesamte Raumvolumen durch Luftumwälzung aufgeheizt. Die Raumluft wiederum erwärmt danach die Gegenstände, welche sich in der Raumumgebung befinden. Diese geschieht prinzipbedingt jedoch nur sehr langsam. Im Endeffekt erfolgt die Erwärmung des Raumes und darin befindlicher Gegenstände indirekt - über ein weiteres Medium."(15)

Mario Hantschick(15) ist der Dritte im Bunde, der Erifol®-Entwickler. Bei einem Tag der offenen Tür in Lemgo hörte ich bei seinen Erklärungen genau hin. Er spielte seine geniale Aussage etwas herunter. Nicht für mich und die Menschen.
Er bringt es auf den Punkt:
   "Wir heizen mit dem Nährstoff "Luft" und "verheizen" ihn!"
Bei der Luftumwälzung wird unsere wichtige saubere Atemluft immer schmutziger. Wer schaut schon gerne von oben in die Heizkörper hinein?
Da bilden sich regelrechte Schmutzkolonien. Wenn von unten zum ersten Mal ein Heizkörper seine Arbeit tut und die kalte noch saubere Luft durch die höheren Temperaturen des Heizkörpers transportiert werden, wird der Staub mitgenommen. Immer und immer wieder, bis sich der ganze Dreck irgendwann dazwischen festsetzt.
Unsere saubere Luft wird zum dreckigen Heizungsmedium.
Ein Glück sagen manche, welche eine Fußbodenheizung besitzen.
Ist es damit besser? Wir kommen gleich dazu.

"Demgegenüber sind Systeme die ausschließlich auf Strahlungswärme setzen um ein vielfaches effizienter. Beispielhaft für dieses Prinzip sei die Wärmestrahlung der Sonne genannt. Die Erwärmung von Gegenständen, auf welche die Strahlung trifft, erfolgt unmittelbar und abhängig davon, ob es sich um Menschen, Möbel oder sonstige Gegenstände im Raum handelt. Somit wird bei diesem Heizungsprinzip kein Übertragungsmedium benötigt. Letztendlich wird eine behagliche Wärme bei signifikant kleinerem Energieeinsatz erzielt. Darüber hinaus ist ein wesentliches Merkmal der Erwärmung mittels Strahlungswärme, dass der Wärmebedarf des Menschen im Mittelpunkt der Betrachtung steht und nicht der des Raumes, wie es bei konventionellen Systemen der Fall ist.

Das Erifol®-Grundprinzip

Das Grundprinzip des Wärmemanagement-Systems ERIFOL® besteht aus drei Teilen:
*1. Vermeidung **jeglicher** Konvektion - nur Strahlungswärme.*
2. Strahlungswärmeversorgung mit maximaler Oberflächentemperatur der wärmeabgebenden Fläche von 26 Grad.
3. Reduzierung von Wärmeableitung durch die Gebäudehülle mittels Reflexion (Vermeidung des Transmissionswärmeverlustes an der Grenzfläche)."(15)

Der Vergleich zwischen konventionelles Heizsystem und ERIFOL® fällt da auch sehr drastisch aus!

***"Kurzfassung:** Das ERIFOL®-System hat gegenüber einem konventionellem System aus Heizung und Dämmung sowohl wirtschaftliche, umweltschonende als auch nutzerfreundliche Vorteile."(15)*

Text 62: Vermeidung von Konvektion

"Was bewirkt eine Konvektionsheizung?"

Der schnellste und einfachste Weg die Wirkung zu erleben geht ganz einfach. Viele Menschen drehen morgens vor dem Weg zur Arbeit die Heizung runter oder machen sie ganz aus, um zu sparen. Abends hat sich die Wohnung stark abgekühlt, dann wird die Heizung meistens volle Pulle aufgedreht. Heizt sich der Heizkörper auf, einfach mit dem Gesicht über dem Heizkörper verharren. Es-

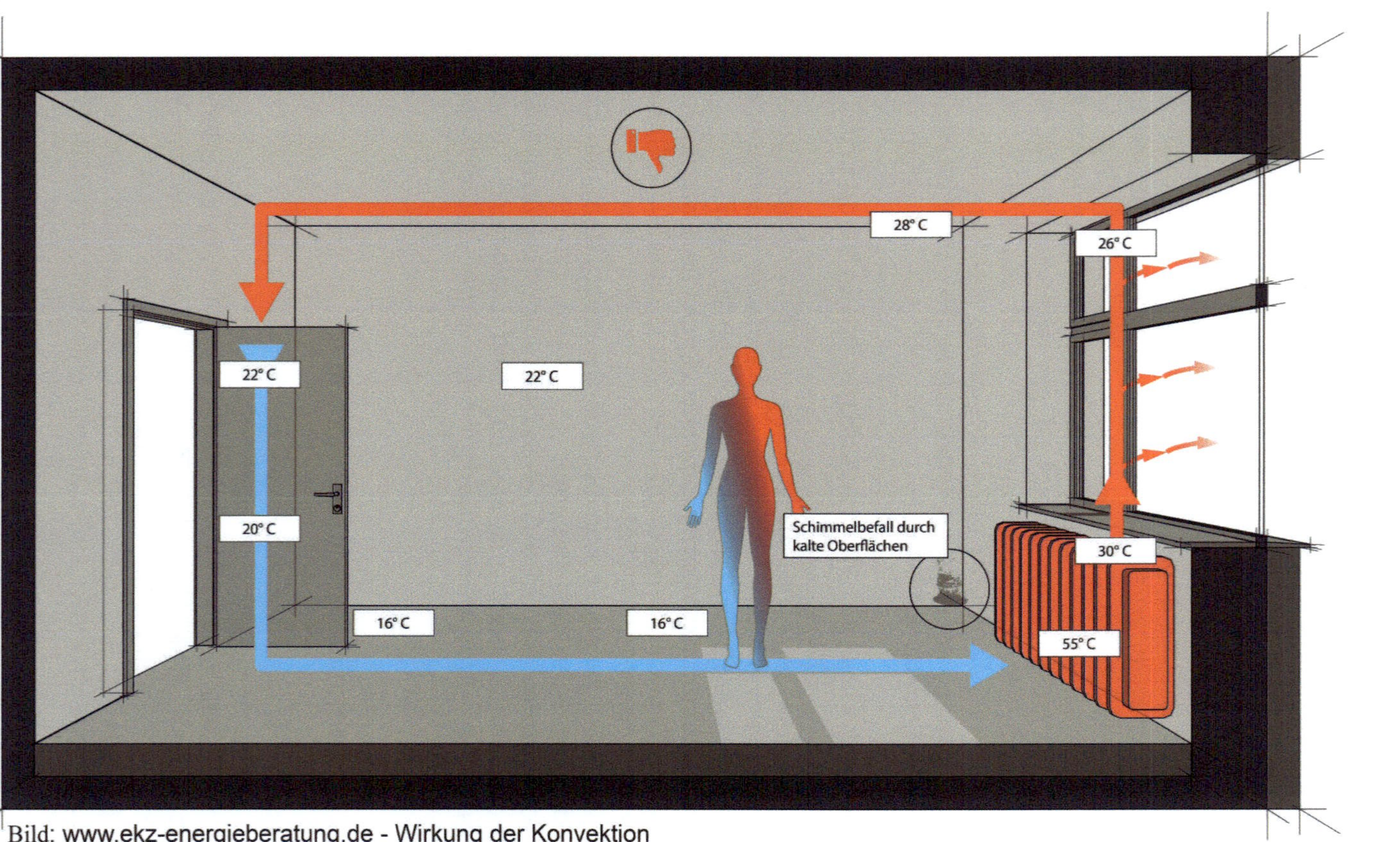

Bild: www.ekz-energieberatung.de - Wirkung der Konvektion

dauert nicht lange, dann wird das Experiment abgebrochen, weil die dreckige warme Luft Unwohlsein hervor ruft. Folgend wird es fachlicher. Mir ist aber sehr wichtig, dass es die Menschen verstehen und nun endlich die gesunde Temperierung einfordern.

*"Durch Ausbildung von Temperaturunterschieden größer gleich 12 Grad oder Luftdruckunterschieden entstehen raumumgreifend wirksame Luftbewegungen. Dabei ist es unerheblich, ob die Heizung mittels einer konventionellen Fußbodenheizung oder normalen Wandheizkörper erfolgt. **Beide Heizsysteme** basieren auf der Erzeugung einer Übertemperatur, welche ihrerseits die Luft im Raum in Bewegung versetzt. Hierbei wird zum einen Staub aufgewirbelt, zum anderen entsteht das Gefühl von Luftzug durch kalte Außenwände. Darüber hinaus kondensiert bei hoher Luftfeuchtigkeit Tauwasser auf eben jenen kalten Innenseiten von Außenwänden, was wiederum Schimmelbefall verursachen kann.*
Ein weiterer Nachteil der Nutzung von Luft zum Wärmetransport besteht darin, dass es zur Austrocknung der Raumluft kommt. Dadurch kann die anzustrebende Luftfeuchtigkeit von 40-60 % nicht oder nur schwer aufrechterhalten werden. Eine zu trockene Raum- und somit Atemluft beeinträchtigt die Atemwegsfunktion und trocknet zudem die Schleimhäute aus."(15)

Solche ungesunden Zustände sind nicht nur überwiegend in unserem Zuhause vorzufinden, sondern noch viel mehr in den Büroräumen und Arbeitsstätten. Jahrzehnte sind diese Zustände bekannt. Hier zeigt sich, was der Mensch für die Politik und Industrie wert ist! Ganze Wirtschaftszweige profitieren von diesen Zuständen, insbesondere die Schulmedizin und die Pharmaindustrie.

Das bunte Foto zeigt den wundervollen Vergleich zwischen Konvektion und Strahlung an den Fensterscheiben. Dr. Wofgang Horn (15) schreibt zu dem Foto: *"Es zeigt wie hocheffizient unser Strahlungswärmesystem wirkt. Hier wurde ein Gebäude in der 1.Etage mit unserem System saniert, unten wird weiter konvektiv geheizt.*
Unten lassen die Fenster (rot) Wärme fast ungehindert raus, oben gibt es an den Fensterscheiben (schwarz) NULL Wärmeverluste, der Sturz zeigt jedoch, dass es im Raum warm ist. Das können wir ähnlich auch bei Ihrem Gebäude machen."

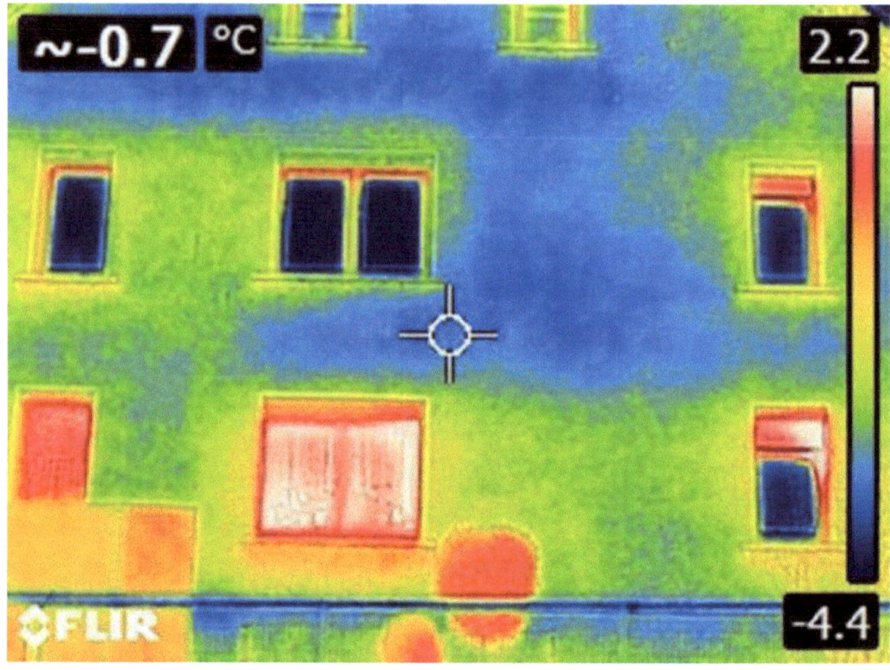

Foto: Dr. Wolfgang Horn - Konvektion und Strahlung sichtbar
an einem Haus nachgewiesen!

Welche Beweise braucht es noch bis die Heizungsfachleute endlich den Menschen das Wohlfühlklima in die Häuser und Wohnungen bringen?

Noch ein wichtiges Rechenbeispiel!
In Schema Konvektion kann jeder die 55 Grad im unteren Bereich des Heizkörpers erkennen. Wenn die **Vorlauftemperatur** zum Beispiel 55 Grad beträgt, wieviel Energie wird dafür benötigt? Volker Hinz (14) brachte mir immer wieder solche Beispiele im Bezug auf die Vorlauftemperatur bei der paralleldurchströmten Temperierung. Bei einer Vorlauftemperatur von 26 Grad, beträgt der Unterschied 29 Grad. **Die Faustformel** beträgt bei einem Grad weniger Vorlauftemperatur, 2% weniger Energieaufwand! **29 x 2 = 58% weniger**

Energieaufwand! Klingt unglaublich, abgewickelte Objekte bringen den Nachweis!

Text 63: Wie wird es behaglich?

Temperieren mit dem Erifol®-System, Punkt!

"Mit der Vermeidung von Konvektion wird also viel gewonnen. Das Behaglichkeitsdiagramm zeigt die Abhängigkeit der relativen Luftfeuchte im Raum zu dessen Lufttemperatur und den daraus resultierenden, behaglichen Bereich. Das Diagramm...unten rechts links zeigt den behaglichen Bereich in Bezug auf das Verhältnis von Oberflächentemperatur zur Lufttemperatur des Raumes."(15)

Es ist kaum zu glauben, mit welch wenigen Stellschrauben, die Erifolexperten, die Hauskonstruktion und die Heizung auf den Kopf stellt. Ganz zu schweigen von den großen Energieeinsparungen. Die Technische Universität in Dresden hat sich intensiv mit dem Erifol®-System beschäftigt.
Das Erifol®-System setzt mit ihrem Quantensprung der Verkomplizierung im Hausbau ein Ende. Ganze Produktionsprozesse stehen auf dem Spiel. Wandheizkörper werden zum Beispiel zunehmend überflüssig, wenn sich dieses System etablieren wird. Polystyrol- und Mineralwolldämmungen bekommen endgültig die wichtige Konkurrenz.

"Reduzieren der Heizflächentemperatur für mehr Behaglichkeit
Der menschliche Körper lässt sich mit einem Verbrennungsmotor vergleichen. Die Betriebstemperatur liegt dabei bekanntermaßen bei 36-37 °C. Außerdem muss der Körper wie ein Kraftwerk Wärme abgeben können, was über die Haut geschieht. So werden auf der Hautoberfläche Temperaturen von 28-30 Grad gemessen.

Um ein behagliches Raumgefühl zu erzielen, bedarf es einer minimalen Temperaturdifferenz zwischen Hautoberfläche und Wärmequelle. Als optimal gilt hierbei eine Raumoberflächentemperatur von ca. 23 °C. Dies ist jene Temperatur, bei der der menschliche Körper weder warm noch kalt verspürt. Er befindet sich in einer Ba-

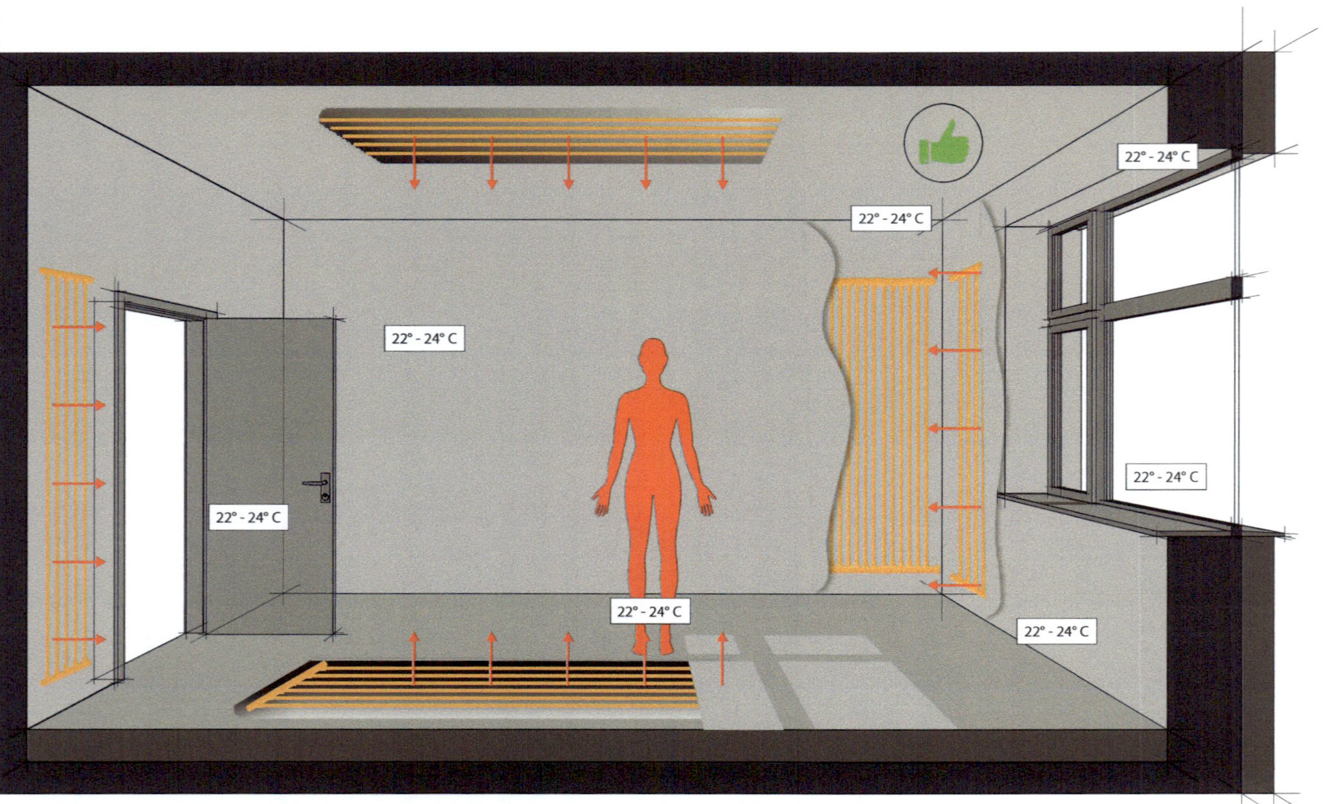

Bild: www.ekz-energieberatung.de - Wirkung Temperierung

lance und hat seine Wohlfühltemperatur erreicht. Auf dieser Betrachtung basiert unser ERIFOL®-System."(15)

"Wie setzen wir das um: Strahlungswärmeabgabe mit einer Oberflächentemperatur von max. 26 °C.

Ein erster Schritt zur Reduzierung der Oberflächentemperatur ist die Umstellung von einem seriell durchströmten Heizkreis zu einer großflächigen, parallel durchströmten Temperierungsfläche. Diese Heizungsart ist auch unter der Bezeichnung Tichelmann-Prinzip bekannt. **Die Temperierung erfolgt zeitgleich, gleichmäßig** *und ohne Nachtabsenkung. Die avisierte Oberflächentemperatur beträgt max. 26 °C. Bevorzugt wird hierbei die Decke als Strahlungsquelle genutzt, wobei auch eine Nutzung des Fußbodens oder der Wand möglich ist.*

Prinzipbedingt kann die Raumlufttemperatur beim Erifol®-System vernachlässigt werden. Es gilt jedoch zu bedenken: Je kühler die Raumluft, desto besser, denn dies tut der Lunge gut. Unsere Lunge ist nicht nur ein O2-CO2-Gastauscher, sondern neben der Haut unser wichtigstes Kühlorgan.
Mit dieser Flächentemperierung allein würde im Gebäude noch keine Behaglichkeit entstehen. Die erzeugte Wärmestrahlung wird wie mit einem Spiegel an den thermischen Hüllflächen in den Raum geleitet. Das funktioniert mit einer Reflexionsebene, die innenseitig angebracht wird. **Transmissionswärmeverluste werden so zu über 90 % reduziert.** *Dies kann mittels konventioneller Dämmung wirtschaftlich nicht erreicht werden.*

Reduzieren der Wärmeleitung durch die Gebäudehülle mit Reflexion
Damit die erzeugte Strahlungswärme im Raum erhalten bleibt, wird an der thermischen Hüllfläche eine Reflexionsebene installiert. Die Wärmestrahlen werden in den Raum reflektiert. Es entsteht somit kein klassischer Transmissionswärmeverlust an der Wärme übertragenden Hüllfläche.

Fotos: www.ekz-energieberatung.de -
links paralleldurchströmte Temperierung - rechts Geogitter

Pflicht ist die Dichtigkeit der Gebäudehüllfäche, welche durch den Maurer, Putzer oder Rigipser hergestellt werden muss.
Durch intensive Gespräche mit Volker Hinz (14) wird mir immer bewusster, wie wichtig es ist eine Luft- und Winddichtigkeit im Gebäude zu erreichen.
Wird zum Beispiel hinter der ersten Erifolfolie keine Luft- und Winddichtigkeit erreicht, dann erfolgt in dahinter eine negative Luft

zirkulation. Mit einem Blower-Door-Test ist es sehr einfach Leckagen zu finden und die Dichtigkeit zu erreichen! Dieser Test wird mit oder ohne der Erifolfolie zu einem **100%igen Muss oder Pflicht, auf dem Weg zum 100% Haus!**

Das Prinzip wird in anderen Bereichen des täglichen Lebens schon seit langer Zeit angewendet, wie zum Beispiel:
- *Rettungsdecke*
- *Kühlschrank (Gehäuse)*
- *Kühltasche (Einkauf von Tiefkühlware)*
- *Thermoskanne*
- *Feuerwehrhelm, Hochofenarbeiter mit glänzendem Mantel*
- *Abdeckfolie für Autoscheiben"(15)*

Wir sehen an einfachsten Beispielen, welche aus dem täglichen Leben auf unsere Hauskonstruktion übertragen werden können. Hier findet eine echte Revolution statt und wird unser Denken wie ein Haus funktioniert komplett verändern.

"ERIFOL® - Heizen und Kühlen in einem System

Kühlen funktioniert mit dem ERIFOL®-System im Prinzip auf die gleiche Art wie Erwärmen.
Bei hohen Außentemperaturen wird im Allgemeinen durch das Öffnen von Fenstern versucht, die Raumtemperatur abzusenken. Dabei wird jedoch einströmende warme Luft nach oben transportiert und bildet unter der Decke eine Hitzeglocke. Alles in Allem wird so die Raumtemperatur nur unwesentlich geändert.

Im Gegensatz dazu werden mit dem ERIFOL®-System die Oberflächentemperaturen der Temperierungsflächen im Fußboden (oder /und Wand und Decke) auf durchschnittlich 19-21 °C abgesenkt. Damit wird ein Temperaturunterschied von ca. 9 Kelvin zur Hauttemperatur erzeugt. Nebenbei gesagt ist der Temperaturunterschied um den Faktor 3 größer als beim Erwärmen, wo mit einem Temperaturunterschied von rund 3 Kelvin gearbeitet wird. Durch die Verringerung der Oberflächentemperatur **bildet sich ein sofortiger Strahlungswärmestrom vom Raum hin zu kühleren Flächen, wodurch insgesamt eine wirksame Absenkung der Raumtemperatur erzielt wird.**

Beachte: *Kühlfunktion nur in Verbindung mit einem installierten Taupunktwächter! Dieser Sensor verhindert, verbunden mit einer Steuerung, die Bildung eines Taupunktes innerhalb des Raumes durch zu starke Abkühlung der Raumoberfläche.*
Der menschliche Körper kann mit Hilfe der ERIFOL®-Kühlung in kürzester Zeit Körperwärme an niedriger temperierte Raumoberflächen abgeben. Durch die unmittelbare Regulierung des thermischen Gleichgewichts wird eine **Behaglichkeit spürbar hergestellt.**
Da es sich im Gegensatz zur konventionellen Klimaanlage nicht um eine Luftkühlung handelt, ist auch der Energieeinsatz deutlich geringer.(15)

Heute kann jeder die unzähligen Klimaanlagen an gedämmten Häusern sehen oder sie werden auf das Dach montiert, weil die Menschen die Hitze in den Dachgeschossen auf Dauer nicht aushalten. Was wirklich dem Menschen und seinen Ersparnissen hilft wird so lange wie möglich unterdrückt, lächerlich gemacht und bekämpft.

Text 64: Weitere Bausteine des ERIFOL®-Systems

Große Baukritiker, wie Konrad Fischer und auch wir Sven Georgi und ich, haben in den letzten Jahrzehnten versucht über den Befreiungsparagrafen 25 der Energieeinsparverordnung Bauvorhaben genehmigt zu bekommen. Mit dem Erifol®-System geht es jetzt ganz **einfach** anders. Als Zugabe können nun sogar Fördermittel beantragt werden, weil der Wärmeschutznachweis auf einer anderen Ebene nachgewiesen wird.

Weitere Bausteine sind:
"1. Die Grundlage des ERIFOL®-Systems bildet der von uns erstellte Wärmeschutznachweis-IR, dem die physikalischen Gesetze der Strahlungslehre zugrunde liegen (Max Planck, Stefan Boltzmann und weitere). Eine statische Heizlastberechnung nach DIN ist für das ERIFOL®-System nicht anwendbar.
2. Herstellung einer zweilagigen Reflexionsebene im Bereich der thermischen Hüllfläche.
*3. Ein wesentliches Qualitätsmerkmal ist die unbedingte Nachweisführung der sehr guten Luftdichtigkeit, **Leckage-Luftwechsel <0,6/ (h,50Pa)**. Jegliche Undichtigkeit (Leckage) beeinträchtigt die Kontrolle und mindert die Energieeffizienz.*
4. Das Lüftungskonzept ist nach Regelgröße CO2 zu erstellen.
5. Installation der ERIFOL®-Flächentemperierung nach dem pralleldurchströmten Tichelmann-System. Eine Auslegung erfolgt für die ganzjährige Temperierung (Heizen und Kühlen)
6. Abdichtung von Zwischendecken innerhalb der zu betrachtenden Hüllfläche.
*7. **Freie Wahl der Wärmequelle:** bevorzugte Nutzung von Umweltwärme in Verbindung mit Wärmepumpe, Solar, PV, Geothermie, stehenden und fließenden Gewässern/Seen*
8. Speicherung von Strom in Energiespeicher

Fotos: www.ekz-energieberatung.de - Dachgeschoß mit
Erifol®-System und paralleldurchströmter Temperierung

Zielstellung: weitgehende Annäherung an Autarkie

Der IR-Nachweis enthält u.a.:

"a) dynamische Modellierung des Wärmedurchgangs durch Baustoffschichten mit solarem Wärmeeintrag

b) Nachweis des Wärmeschutzes (möglichst KfW-40 bis hin zur Autarkie)

c) Berechnung des Primärenergiebedarfs und mittleren Wärmedurchgangswerts

d) Betrachtung von Temperierungsflächen für warme Aufenthaltsräume mit Temperaturen größer 18 °C

e) Sommerlichen Wärmeschutz

Text 65: Taupunkt und Wärmebrücken

Es stellt sich die Frage, wie umfangreich ein Baustudium sein muss, wenn in dieser Broschüre auf 20 Seiten das Nonplusultra für die Baukonstruktion und das Heizen herunter gebrochen wird auf einfachste verständliche Texte. Der Taupunkt bestimmt wieviel und wann Feuchtigkeit in Bauteile oder Baustoffe eindringt.

"Warum ist der Taupunkt kein Problem für das ERIFOL®-System?

Kondensation an Innenwänden kann zu Schimmelbefall führen und ist daher zwingend zu vermeiden. Ein Kondensat entsteht am Taupunkt in Abhängigkeit von Temperatur, Dichte der Luft, absolutem Wassergehalt, Enthalpie (Wärmeinhalt) und relativer Luftfeuchtigkeit.

Ausgangssituation: Wechselnder Wärme- und Feuchtetransport in Bauteilen

Gemäß dem physikalischen Hauptsatz von Rudolf Claudius fließt Wärme immer vom wärmeren in Richtung eines kälteren Systems.
Im Winter entsteht dadurch ein Taupunkt im Außenbereich der Außenwand, im Sommer verschiebt er sich bei kühlen Räumen wie einem Keller, in Richtung des Innenbereichs. Im Sommer bildet sich Tauwasser an der Kellerwand nicht durch von außen kommende, diffundierende Feuchte, sondern kondensierende feuchtwarme Luft, wenn sie beispielsweise durch offene Fenster in den Keller gelangt.

Wie kommt es zur Bildung von Tauwasser im Keller?

Warme und mit Feuchtigkeit gesättigte Außenluft gelangt durch **geöffnete Kellerfenster** *und kondensiert an der kühleren Innenwand.(15)*

Jetzt kommt es zur entscheidenden Antwort, warum das Erifolsystem kein Problem mit dem Taupunkt hat. **Bauphysiker** haben Jahrzehnte das Sagen in der **Bauphysik.** Haben diese Personen auch Ahnung von der Bauphysik? Diese Personen wollten sich absetzen und etwas besseres im Bausektor sein. Deswegen wurde das Wort Bauphysik, und damit der Bauphysiker erfunden.

Die **Abrechnung** findet sich in Text 2 dieses Buches. Die **Abrechnung mit dem Produkt der Bauphysiker, dem Passivhaus!**

Damit geht die kurze Bestandsperiode der **Bauphysiker** zu Ende. Ganz einfache **Physikdenkende Menschen** übernehmen mit dem ERIFOL®-System das Haus. Es sind wahre **Baumeister, welche das Haus und die Heizungstechnik verstehen!**

**Wer will sich von jetzt an noch
Bauphysiker nennen?**

"Warum entfällt der Taupunkt beim ERIFOL®-System?

Die Raumluft (ca. 15°C - max. 20°C) trifft auf die wärmere Oberflächentemperatur (ca. 21-23°C) wodurch es zu keinem Kondensatniederschlag kommen kann."(15)

Das ist einfache erklärte Physik, welche jeder interessierte Mensch verstehen kann, wenn er mag!

"Wasserdampf diffundiert ständig durch die Außenwand von innen nach außen. *Im Sommer jedoch bei hohen Außentemperaturen, könnte sich die Diffusionsrichtung umdrehen und Feuchtigkeit diffundiert so durch die Außenwand in den Innenraum des Gebäudes. Doch Gegenteiliges ist der Fall, wie **Messungen** ergeben haben. Die Feuchtebilanz ist immer noch von innen nach außen größer. Selbst bei hohen Außentemperaturen tagsüber sind die nächtlichen Außentemperaturen im Vergleich zur Innenraumtemperatur meist so gering, dass es noch immer ein Temperaturgefälle von innen nach außen gibt.*

*Somit wandert **Wasserdampf** aus der Raumluft weiterhin in und durch die Außenwand von innen nach außen, durchfeuchtet diese und trocknet auf der Außenseite ab. **Dies gilt es zu vermeiden.***

Lösung mit dem ERIFOL®-System:
- *26°C warme Temperierungsflächen können auf allen Innenflächen angeordnet werden.*
- *Alle Flächen und Gegenstände werden durch die im Bezug zur Raumluft rund 3 Kelvin wärmeren Temperierungsflächen auf cirka 23°C erwärmt.*
- *Geringer Wärmeverlust wird dadurch erreicht, dass,*
    - *Raumgreifende Luftzirkulation ausgeschlossen wird, da alle Oberflächen minimale Temperaturunterschiede aufweisen und*
    - *Wärmeeintrag in die Gebäudehüllfläche mittels Reflexionsebene vermieden wird.*
- *Die Temperatur der Luft im Gebäudeinneren kann auf bis 15°C abgesenkt werden. Die Lufterwärmung erfolgt nicht mehr primär und läuft parallel zur Entwicklung der Oberflächentemperatur nach.*

- *Es ist ein physikalisches Gesetz (keine Regel!), dass sich an einer sauberen warmen Oberfläche kein Wasserdampf aus kühlerer Luft absetzen kann. Somit diffundiert kein Wasserdampf in die Wand.* **Die Wand trocknet aus und es bildet sich kein Taupunkt.**
- *Durch Temperierung der Wände auf 23°C wird die* **Schimmelbildung vollständig unterbunden.** *Wir können* **Schimmelfreiheitsgarantie** *geben!*
- *Die luft- und wasserdampfdichte Reflexionsebene wird insbesondere aus optischen Gründen verkleidet. Sie ist der wärmste Bereich der Hüllfläche und bildet für den Wasserdampf der Luft eine thermische Sperre. Sie besteht aus mehreren dauerhaft hochwertigen Schichten, die sehr gut Wärmestrahlung in den Raum reflektieren. Wie wirkt nicht mechanisch gegen Wasserdampfdiffusion."(15)*

Hier wurde die anwendbare Physik für unsere Häuser mit den Worten Reflexion und reflektieren neu gedacht und aufgeschrieben. Unsere Welt dreht sich weiter. Wenn verschiedene Menschen sich eine Aufgabe stellen, so wie es die Erifolmenschen gemacht haben und diese auf dieses Ziel hinarbeiten, dann entstehen neue Denkweisen und Fortschritte.

Ich habe mich fast das ganze Jahr 2021 gegen diese Folie gewehrt, bis die ich verstand, was alles mit dem ERIFOL®-System erreicht werden kann. Die aufgeschriebene Lösung mit dem System, ist für die Allgemeinheit sehr verständlich aufgeschrieben. Diese Menschen nehmen aber immer gerne Kritik entgegen, damit sich positive Veränderungen und Verbesserungen ergeben können!

Hier noch eine Gesamtbetrachtung des Hauses:

"Innenseite: *Alle Oberflächen innerhalb des Gebäudes sind etwas wärmer als die Raumluft. Da Luftfeuchtigkeit nur kondensiert, wenn sie auf kalte Oberflächen oder katalytisch wirkende Verunreinigungen trifft, ist Schimmelbildung ausgeschlossen.*

Aussenseite: *Feuchtigkeit, welche in Form von Regen auf die Außenseite eines Gebäudes trifft, wird an der Ober-*

fläche vom Außenputz, Klinkermauerwerk oder an deren Baustoffen aufgenommen und wieder abge-lüftet.

Ergebnis: *Dadurch, dass kein Wasserdampf mehr in und durch die Hausaußenwand diffundieren kann, trocknet die se aus. Dies hat zur Folge, dass:*
- die Wärmeleitung der Wand verringert und damit deren U-Wert verbessert wird,
- Wärmebrücken weniger bis gar nicht mehr wirksam werden,
*- sich **kein Taupunkt mehr** bilden kann."(15)*

Text 66: Taupunkt - Kühlschrank zeigt dem Haus was geht!

Volker Hinz (14) spricht immer wieder das Thema Kühlschrank an und fragt immer wo der Taupunkt ist.
Der Wandaufbau im Kühlschrank zeigt dem Menschen, wo der Taupunkt ist! Es gibt keinen Taupunkt!

Bild: Jaskulski - Der einfache Wandaufbau vom Kühlschrank
kann auf unser Haus übertragen werden

Text 67: Warum Einfachfenster ausreichen?

Schon in meinen anderen Büchern beschrieb ich, warum Einfachfenster in unseren Häusern ausreichen, wenn kein zusätzlicher Schallschutz benötigt wird.
Im Buch von Prof. Claus Meier(5) steht ausdrücklich, dass ein Naturgesetz besagt, „dass ein Temperaturstrahler normales Fensterglas nicht durchdringt. Für diese Beweise wurde er von den Dämmexperten belächelt und diffamiert.

„Wichtig ist die Tatsache, dass Glas für Wellenlängen unterhalb 0,3 µm und oberhalb etwa 2,7 µm praktisch völlig undurchlässig ist. Ultraviolette Strahlung wird nicht hineingelassen (kein Bräunen hinter der Glasscheibe) und langwelliges Infrarot (Temperaturstrahlung) nicht herausgelassen. Das Fenster erzeugt den Treibhauseffekt: Wenn Sonnenstrahlung in einen Raum eindringt und von den Raumflächen absorbiert wird, kann die daraus resultierende Wärmestrahlung nicht mehr hinaus."(5)

Die Erifol®-Menschen erklären es erneut!

"Warum ist die Innenoberfläche der Fenster ebenfalls gleichmäßig temperiert?
Fensterglas wirkt als Diode. Fensterglas lässt energiereiche kurzwellige Strahlen der Sonne passieren. Beim Auftreffen der Sonnenstrahlen auf einen Körper im Gebäudeinneren wird dieser erwärmt und gibt dadurch langwellige energiearme Wärmestrahlen ab. Die langwelligen Strahlen können das Fensterglas nicht wieder passieren und werden von der Innenseite der Fenster in den Raum zurück reflektiert. Vergleichbar ist dieser Effekt mit der Entstehung eines Wärmestaus im Gewächshaus, welches ebenfalls aus EINER Glasscheibe besteht.
Die nachfolgende Grafik zeigt vereinfacht, in welchen Wellenlängen um uns herum Energie (Wärme) strahlt. Die Grafik wurde aus mehreren Quellen erstellt und zeigt nur einen Ausschnitt im Bereich zwischen hochenergetischer ionisierender (radioaktiver) Strahlung (rot) und kurzwelliger, nicht ionisierender Strahlung (hellgrüne Fläche).

Elektromagnetisches Strahlenspektrum

Bild: www.ekz-energieberatung.de

In Zeile 1: Sonnenstrahlung umfasst einen Bereich von 0,2 bis 7 Mikrometer.

In Zeile 2: Wird das sichtbare Licht dargestellt, also dem mit unseren Augen wahrnehmbaren Strahlungsbereich. Dieser ist deutlich kleiner, als der insgesamt von der Sonne emittiert wird.

In Zeile 3: Der dunkelgrün umrandete Balken zeigt den für unsere! Heiztechnik bzw. Unser Wärmeempfinden interessanten! Bereich, welcher einer Temperatur zwischen 30 und 80 °C entspricht.

In Zeile 5: Maßgeblicher Wirkbereich der 2lagigen ERIFOL® - Ebene

In Zeile 6: Fensterglas ist einerseits durchlässig für einen Großteil der Sonnenstrahlung. Andererseits liegt Fensterglas auf der Skala weit links im Bezug zum heiztechnisch relevanten Bereich. Bis zu Temperaturen von rund 80 °C lässt Fensterglas keine Wärmestrahlung aus dem Gebäudeinneren nach außen passieren, womit prinzipbedingt nur eine einzige Fensterscheibe benötigt. wird. **Jede weitere Fensterscheibe mindert die Sonnenstrahlung um ca. 10%.** Die lebensnotwendige Sonnenstrahlung wird geschwächt, wodurch Pflanzen weniger gut wachsen. Auch wir Menschen benö-

tigen das Sonnenlicht, um unseren Körper mit ausreichend Vitamin D zu versorgen.

Nun sind heute schon Dreifachfenster Standard. Noch viel prekärer ist, dass es an vielen Häusern praktisch keine Fensterbrüstungen mehr gibt, sondern nur **Türen.** Immer wieder wird nur durch das U-Wertbauen so ein „industriefreundlicher" Zustand geschaffen!

Was würden die alten Baumeister zu diesen Türenhäusern sagen? In diese Wohnungen kommt nie Ruhe und Wohlfühlen, weil überall Türen nach draußen gehen. Das sind alles Fluchtwege! Das fühlt der Mensch!

Durch dieses Bauen werden uns ganz fremde Gefühle übergestülpt. Ich setze mich sehr gerne an ein Fenster vor die Brüstung die mir Schutz, Wärme und Geborgenheit bietet.
Was heute in der unübersichtlichen Zeit noch mehr beachtet werden muss, ist der Schutz unserer Kinder!

Kinder sind heute den Gaffern schutzlos ausgeliefert, wenn sie in ihren Kinderzimmern, spärlich bekleidet rumtollen oder spielen.
Leider kommen seit dem Frühjahr 2020 Dinge ans Licht, die genau diese Schutzlosigkeit von Kindern in ein sehr trauriges Licht rücken! Forderung! Mindestens Fensterbrüstungen vor Kinderzimmern!

Der Schallschutz spielt beim Fensterbau immer eine Rolle. Da haben sich die doppelten Kastenfenster oder Verbundfenster bewährt.

Text 68: CO_2 geführte Lüftung

"CO_2- geführte Lüftung - gleichbleibender Luftfeuchtegehalt

Bei winddicht ausgeführten Gebäuden spielt die Lüftung eine große Rolle, um den CO_2 - Gehalt der Luft zu regulieren. In konventionell geheizten Gebäuden geht bei hohen Raumtemperaturen im Winter mit jedem Lüftungsvorgang wertvolle Heizenergie und Luftfeuchtigkeit verloren, da warme Luft mehr Feuchtigkeit bindet. Generell fin-

det während des Lüftens ein Temperatur- und Feuchtigkeitsaus-tausch statt, wobei die eingeführte kalte Luft wesentlich weniger Feuchtigkeit als die ausströmende warme Luft enthält. Die Feuchtigkeit ist aber für das menschliche Wohlbefinden wichtig.

Trockene Raumluft reizt die Schleimhäute und führt häufig zu Erkältungskrankheiten. Laut einer Studie des RKI (Robert-Koch-Institut) aus den Jahren 2017/2018 wird durch zu niedrige Luftfeuchte die Ausbreitung von Grippeviren (Influenza) und dadurch die Gefahr einer Ansteckung und einer oft schweren oder sogar tödlichen Erkrankung erheblich gefördert."(15)

An dieser Stelle muss ich einhaken. Das liegt an meinem ersten Buch was ich 2009 schrieb. Schreib ein konträres Buch und du lernt alle konträren Menschen kennen. So war es. Ich lernte von Dr. Hamer seine Germanische Heilkunde kennen und schätzen.
Warum bekam ich kein Corona und werde es auch nie bekommen? Noch niemand auf dieser Welt hat das Coronavirus isoliert. Ich wette jetzt sogar drauf, dass es Viren nie gegeben hat! Jeder kann ins Internet eingeben; "Gibt es Viren oder nichts?"! Was folgt sind Texte, welche genau in diese Zeit passen, wie "Führende Corona Forscher geben zu, dass sie keinen wissenschaftlichen Beweis für die Existenz eines Virus haben."
Da es mich auch betrifft und ich eine Entscheidung treffen muss, ob ich mich dagegen schützen und gar impfen lasse, gehört meine Entscheidung hier rein.
Bis es nicht bewiesen ist, gibt es keine Viren und es gibt auch keine Ansteckung. Jede Krankheit entsteht durch ein Konflikt. Jeder Schnupfen oder Grippe ist die Heilungsphase für etwas, was wir herausfinden können. Neben dem Bauen beschäftige ich mich seit 10 Jahren mit der Germanischen Heilkunde. Nach der Heilkunde gibt es keine Viren. Jeder darf glauben was er will. Es geht nicht um glauben, sondern um Wahrheit!
Was wirklich zu gesundheitlichen Beschwerden führt ist die trockene Heizungsluft, was ich selbst genug erlebt habe.
Deswegen ist es so wichtig, dass die Heizungsform geändert wird. Es gibt so viele Verbote und Gesetze, da ist es viel wichtiger, dass das Verbot der Konvektionsheizung kommt. Denn die Texte hier erklären alles und das ERIFOL®-System ist eine Lösung dafür.

*"Beim ERIFOL®-System wird die Raumluft signifikant weniger er-
wärmt, so dass beim Lüften die Luftfeuchtigkeit weitestgehend erhalten und im anzustrebenden und für Grippeviren "tödlichen" Bereich von 40 bis 60 % verbleibt. Da die Behaglichkeit insgesamt
deutlich höher ist, fehlt unter Umständen der Impuls zum Lüften.
Daher empfehlen wir eine Überwachung der Räume in Bezug auf
den CO2-Gehalt."(15)*

Die Menschen werden die gesunde Temperierung einfordern!

Text 69: ERIFOL®-System als ein Schutz vor Radon, Thoron und Hyperschall

*"Die in der Reflexionsebene eingearbeitete Schutzschicht bildet
eine Barriere gegen eindringende Strahlen von außen und schützt
somit gegen erhöhte Strahlenbelastung von Baustoffen und äuße-
ren Einflüssen. Dieser mechanische, innen angebrachte Schutz
erweist sich im Vergleich zur falschen Herangehensweise: "Radon
einfach weglüften" als die beste Schutzmöglichkeit und vermeidet
Schadensfolgen und lebenslang anfallende Kosten."(15)*

Nach Rückfrage bei Volker Hinz fehlt einzig der Schutz durch die
Glasscheibe!

Welche Folien können heute das alles leisten was die ERIFOL®-
Folie leistet. Heute werden alle Fehler im heutigen Bauen, entweder auf das Nutzerverhalten oder unqualifizierte Handwerker abge-
laden. Der GEG (Gebäudeenergiegesetz)-Nachweis ist verantwortlich für das heillose Durcheinander im Hausbau. Der Vergleich mit
dem ERIFOL®-System zeigt es ganz deutlich.

8 Anmerkungen zeigen das Chaos:
"a) **Außendämmung** *Hat nur Nachteile, gehört verboten; Dämmung muss innen sein! s.Prof. Venzmer*

b) **Dachboden** *Ist zu wertvoll, ihn nicht zu nutzen oder
nicht auszubauen.*

c) **Kamin** *Wer es sich leisten kann, der soll den Rubel
rollen lassen, sonst bis auf kurze Nutzungs-*

	zeit dauerhaft nur Nachteile.
d) **Sommerl. WS**	*Das Raumklima bestimmt die Wohnqualität! Im Alter frühzeitiger Hitzetod oder künstliche Kühle im Sommer?*
e) **Gesundheit**	*Hyperschall, Radon und u.a. Corona: Sie werden durch ERIFOL®-System einfach wirkungslos. Wer weiß das schon?*
f) **Flachdächer**	*Sind ja modern, werden physikalisch bedingt garantiert durchfeuchtet und NASS; jedoch nicht mit Erifol®-System.*
g) **Autarkie**	*je nach örtlicher Situation bestmöglich an- streben, ja sogar >100% zumindest an denken*
h) **Nachhaltigkeit**	*Sondermüll wie bei Dämmung entfällt, graue Energie wird minimiert, Ziel: bestmöglich "creadle to creadle"*

Text 70: Garantiert schimmelfreies System

"Schimmelfreiheit wird auf Grundlage zweier Wirkungsmechanis- men garantiert. Beim ERIFOL®-System sind die Oberflächentem- peraturen gegenüber der Raumluft grundsätzlich höher. Ein Aus- kondensieren der Luftfeuchtigkeit an den Innenwandoberflächen wird dadurch ausgeschlossen.
Darüber hinaus: kann Feuchte erst bei 100%iger relativer Luft- feuchte ausfallen. In Wohnräumen lässt sich dennoch schon ab rund 70-80% relativer Luftfeuchte ein Auskondensieren beobach- ten. Dies ist mittels chemischer Prozesse mit katalytisch wirkenden Bestandteilen an den Innenwand oberflächen erklärbar. Durch Vermeidung des Luftaustausches durch Konvektion an der Wand- oberfläche wird dieser Prozess gestoppt."(15)

Seit Jahrzehnten entwickelt sich das Handwerk weg vom Hand- werk zur Platte. Die Gipskartonplatte oder Mineralwollplatte und eine Folie dazwischen. Jeder Laie wird heute zum "Baufachmann" durch kleine Informationsflyer in den Baumärkten. Haben sie dann auch sofort Ahnung von physikalischen Vorgängen in den Kon- struktionen? Keineswegs.

Deswegen stecken schon in den Informationsflyern die Bauschadensfallen und der Bauherr übernimmt diese Informationen im Vertrauen.
Mit dem ERIFOL®-System bekommen sie mit der ERIFOL®-Broschüre alles an die Hand, was zum funktionierenden Bauen gehört.
Sogar das Verändern der Heizung wird immer leichter, mit dem "Kunststofflöten" ist kein Hexenwerk mehr.
Mit dem ERIFOL®-System zum Meister seines eigenen Hauses.
Die folgenden Bilder zeigen, wo sich der schwarze gesundheitsbeeinträchtigende Schimmel befindet und versteckt.
Meistens ist er sichtbar!

Text 71: Allergikerfreundlich und Temperaturstressvermeidung

Gerade unsere Kinder sind heute oftmals vielen Allergien ausgesetzt, welche sicherlich nicht alle auf die baulichen Zustände zurück zuführen sind. Wer weiß schon, dass allein über die Heizung sich die Zustände komplett ändern?

*"Beim Einsatz von Strahlungswärme und einer maximalen Temperaturdifferenz von 12 Kelvin zwischen Raumluft und umgebenden Flächen wird die Staubaufwirbelung durch thermische Einflüsse **vermieden.** Die Luftschicht ruht und ist daher mit weniger Staubpartikeln belastet wodurch Atemwege weniger belastet werden. Insgesamt werden Atemwegserkrankungen wie Asthma, Reizhusten und weitere erheblich reduziert.*

Durch Oberflächentemperaturen im Gebäudeinneren von 21-23 °C, kommt es zu keinem Temperaturstau, d.h. der Körper kann Wärme jederzeit geregelt abgeben. Des Weiteren werden Lympherkrankungen, welche beispielsweise durch zu warme Fußböden hervorgerufen werden, aufgrund geringer Oberflächentemperaturen deutlich reduziert."(15)

Text 72: Wichtige Fragen um das ERIFOL®-System

"Hausanschluss und Technikraum?
Der Hausanschluss- und Technikraum sollte, sofern möglich, innerhalb der thermischen Hülle installiert werden. Sollte dies aus baulichen Gegebenheiten nicht möglich sein, ist ein Aufbau adäquat zum ERIFOL®-System anzustreben.

Werden die Vorgaben der Energieeinsparung erfüllt?
Das Gebäudeenergiegesetz GEG), das die früheren Verordnungen EnEG, EnEV und EEWärmeG zusammenfasst, wird vom ERIFOL®-System erfüllt. Die Berechnungen für den Energienachweis erfolgen nach den Planckschen Strahlungsgesetzen.

Wie sieht es mit der Architektenhaftung aus?
Das System befindet sich seit mehr als 10 Jahren erfolgreich in der Anwendung. Entsprechende Unterlagen und Detaillösungen für die Entwurfs- und Ausführungsplanung können angefordert werden. Handwerksfirmen werden in das System eingewiesen und zertifiziert. Gleichzeitig werden die Arbeiten durch die von uns durchgeführte energetische Baubegleitung überwacht und kontrolliert.

Galvanische Korrosion?
Die ERIFOL®-Reflektionsebene besteht aus mehreren Schichten. Kernstück ist eine 12 µ dicke Alu-Schicht die zwischen zwei Kunststoffschichten eingebettet ist. Die vordere glänzende und reflektierende Alu-Schicht wird durch eine hauchdünne und damit durchsichtige Kunststoffschicht vom 12 µm Dicke geschützt. Aluminium, das von sich aus chemisch träge ist und kaum korrodiert, wird damit nochmals gehindert, chemische Reaktionen einzugehen. Es ist also kein bedampftes und von der Oberfläche abwischbares Alu-Produkt. Die hintere Kunststoffschicht besteht aus mindestens zwei über Kreuz laminierten Polyethylen-Folien mit einer Gesamtdicke von 75 µm und ist somit extrem reißfest.

Recycelbarkeit?
Im Gegensatz zu Wärmedämmverbundsystemen lassen sich die einzelnen Komponenten des ERIFOL®-Systems beim Rückbau trennen und entsprechend recyclen. Das in den Reflexionsschichten enthaltene Aluminium ist vollständig recyclebar. Der geringe

Kunststoffanteil der Schicht wird während des Recyclings verbrannt."(15)

Text 73: Autarkie

Das ERIFOL®-System objektiv und neutral betrachten, dann zeigt sich die Grundlage auf, dass es zur Autarkie nur noch ein kurzer Weg ist.
In der heutigen Zeit wird durch das Gebäudeenergiegesetz genau und sogar ganz bewusst manipuliert und in die andere Richtung gehandelt. Ich bin sogar der Meinung, dass es eine Wissenschaft von Manipulation ist. Es gibt Manipulationswissenschaftler, deren tägliche bezahlte Arbeit es ist, dass sie Ideen entwickeln, wie die Menschen weiter und ganz sicher übers Ohr gehauen werden können. Es ist schon bemerkenswert, wie die Macht des U-Werts heimlich still und leise ausgebaut wurde. Studierende junge Menschen werden hinters Licht geführt. Sie können kaum erkennen, dass ihr Wissen, Unwissen ist!

Man stelle sich vor, dass bei einer Mehrschichtkonstruktion die einzelnen Schichten, welche jede einen eigenen U-Wert haben, einfach durch Rechnen ein Gesamt-U-Wert heraus kommt. Was dabei komplett außer acht gelassen wird, ist die Physik, welche sich in den und zwischen den Schichten in der Konstruktion abspielt.

Wer das gesamtweltliche System zum großen Teil verstanden hat, der lässt sich nie mehr für dumm verkaufen.
Wer offen ist für die wahren Dinge des Lebens, der erkennt, dass die Freie Energie schon längst genutzt wird. Allerdings so unwirtschaftlich wie es nur in einer korrupten Welt gehen kann. Windparks und unsere Felder mit PV-Anlage gehören sind geförderte Fehlentwicklungen.

Das ERIFOL®-System ist zur richtigen Zeit flügge geworden. Die Kinderkrankheiten, wenn wir überhaupt davon sprechen können, sind abgelegt. Feinarbeiten oder Weiterentwicklungen werden sicher kommen, die Schöpfung sorgt dafür.

Kapitel VIII: 100 % Lösungsangebote - Altbau - Anbau und Fassade - Keller - Erifol®-System

Text 74: Bewährtes Bauen

Für den Altbau gilt das Gleiche wie für den Neubau.
Es ist immer wieder festzustellen, das an alten Gebäuden mit Edelputz oder rotem Backstein, gedämmte, ganz andersfarbige Anbaukisten verwirklicht werden.
Wenn das funktionierende Bauen langfristig stattfinden soll, dann muss die Wende vom U-Wertbauen zum U-Wert-Effektivbauen geschehen.

Denn alte Gebäude, ob mit einschaligen oder zweischaligen Außenwänden, die schon hundert Jahre stehen und funktionieren, dürfen von heut auf morgen von außen nicht dicht gemacht werden.

Nur durch das verordnete U-Wertbauen kommt es zur gedämmten Kiste. Sonst würde kein Baumeister auf den Gedanken kommen, etwas vollkommen Fremdes und Abartiges an die Fassade zu montieren oder auf das Grundstück zu stellen.

Denn mit dem Dämmen des alten Hauses oder dem Anbau wird das bauphysikalische Gleichgewicht des Hauses empfindlich gestört. Das zeigt sich heute in den zunehmenden Feuchtigkeit- und Schimmelschäden.

Im Folgenden werde ich auf alle mir bekannten funktionierenden Bautechniken eingehen. Die Dachkonstruktion wurde schon in Text 54 behandelt.

Text 75: Erste Maßnahme zur Kellerentfeuchtung

Ein Großteil der Kellerabdichtungsfirmen, verkaufen das teure Freischachten der Kelleraußenwände, in Verbindung mit einer nachträglichen Horizontalsperre, bzw. Bohrlochkette und flächiger Dickbeschichtung.
Das ist vor allem, Geld machen auf Kosten des Kunden!

Grundlage jeder Kellerinstandsetzung sind die Voruntersuchungen dazu, was zur Kellerfeuchtigkeit führt oder geführt hat! Im Keller, in überwiegend unbewohnten Räumen sind Lüftungsanlagen, die wenig Energie verbrauchen, sinnvoll!

Wenn kein drückendes Wasser von außen in das Haus eindringt und trotzdem große Feuchtigkeit im Keller vorhanden ist, hat das andere Gründe!
Heute gibt es viele Betonkeller, die von außen dicht aber trotzdem innen sehr feucht sind. Der Schimmel sucht sich seinen Weg überall hin, auch in Schränke und Kleidungstücke. Häufig wird durch falsches Lüften, die Kondensfeuchtigkeit regelrecht in den Keller geholt.

Meistens passiert das im Sommer. Wenn die Fenster dauerhaft auf Kipp gelassen werden. Dann kann die warme und vielfach auch feuchtere Luft in den Keller gelangen und an der kälteren Wand kondensieren. Diese wird regelrecht feucht auf der Oberfläche. Das ist wie auf einer kondensierenden Glasflasche, die aus dem Kühlschrank genommen wird. Das gilt für jedes Kellermauerwerk, ob Ziegelmauerwerk, Naturstein- oder Kalksandsteinwände.

Die erste Maßnahme, wenn Keller modrig riechen und die Gegenstände mit Schimmel überzogen sind, sollte eine automatische Lüftung sein oder doch eine Temperierung, wie später noch festgestellt wird.

Lüften ist nur dann sinnvoll, wenn die absolute Feuchtigkeit aussen deutlich niedriger ist, als innen. Mit der Taupunktdifferenz von 5 Grad werden im günstigen Fall bis zu 10 Gramm Wasser pro Kubikmeter transportiert. Damit wird deutlich, dass eine viel trockenere Luft benötigt wird, um einen feuchten Keller im Laufe der Zeit und auf Dauer trocken zu bekommen.

Durch den Einbau einer automatischen Be- und Entlüftung kann schnell Abhilfe geschaffen werden. Eine integrierte Taupunkt-Lüftungssteuerung belüftet die Räume nur, wenn die Außenluft in der Lage ist, Feuchtigkeit aufzunehmen und zu transportieren. Wenn die Taupunktmessung ergibt, dass die Taupunkttemperatur aussen um 5 Grad niedriger ist, als die Taupunkttemperatur im Keller, wird automatisch belüftet.

Die Mehrkosten für ein Aufschachten der Umfassungswände können damit eingespart werden. Diese Bautechnik ist eine 100%-Lösung, weil sie nachweislich die Feuchtigkeit im Keller verringert!

Im 7. Kapitel zeigt die Temperierung, was sie im Keller kann. Der Energieaufwand und die Kosten dafür sind aber um einiges höher. Dafür kann der Kellerraum aber auch als Wohnraum genutzt werden, ohne Gefahr der Schimmelbildung.

Text 76: Entfeuchtungsputz und Sanierputz

Wie gehe ich mit den beschädigten Putzflächen um? Meine praktischen Erfahrungen der letzten Jahre in Verbindung mit dem richtigen **Entfeuchtungsputz** haben zu den besten Ergebnissen geführt.

Nach oder während der Entfeuchtung des Kellers müssen die zumeist salzbelasteten Putzflächen abgestemmt werden.

Ich habe viele Sanierputze verarbeitet und ausgiebig kennengelernt. Vor 30 Jahren kamen verstärkt die ersten Sanierputze auf den Markt, die sich aber vermehrt als Opferputze herausgestellt haben. Die Salzbelastungen der Wände waren oft so hoch, dass diese Putze wieder abgesprengt wurden. Das Putzgefüge der Sanierputze funktionierte nicht richtig. Dazu kam Mitte der neunziger Jahre, dass der Putz in der Endfestigkeit viel zu fest wurde und viele Risse entstanden.

Dabei gab es zu dieser Zeit schon den Entfeuchtungsputz als **Hydromentputz**, den ich vor 8 Jahren kennen gelernt habe.
In einem tiefen Keller des Münchner Isargebietes konnte ich diesen Putz durch einen anderen Putzprofi kennenlernen. Die salzbelasteten und feuchten Putze wurden abgestemmt. Mürbe Mauerwerksfugen wurden ca. 2-3 cm tief ausgekratzt.

Kies, Zement und Wasser bildeten die Grundbasis für den Putz. Man könnte denken, dass ist eigentlich die Grundlage für einen Betonestrich. Dazu kommt ein Wirkstoffkonzentrat, ein sogenannter Luftporenbildner. Gemischt werden muss ca. 10 Minuten, damit sich die Luftporen bilden können.
Dieser Putz bewirkt, dass die Salze nicht mehr den Putz zerstören und verhindert die Abplatzungen.

Die Estrichbetonbasis bewirkt ein sehr schnelles Abbinden auf der Wand. Die Wand wird vor dem Schließen der Fugen, dem Ausgleichsputz und der Funktionsschicht, bis zur Sättigung vorgenässt. Damit sind die Salze gelöst.

Beim Mischen des Putzes, der am Anfang so schwer ist wie Estrichbeton, wird der Putz immer leichter. Der Luftporenbildner zeigt die richtige Wirkung. Aus dem schweren Estrichgemisch wird ein Leichtputz im richtigen Porengefüge!

Beim Auftrag der Funktionsschicht, die mindestens 2 cm betragen muss, werden die flüssigen Salze sehr schnell gebunden und können nicht kristallisieren, wenn der Putz durch den Zement schnell anzieht. Nach dem Anziehen des Putzes (nach ca. 3-5 Std. je nach der Temperatur) wird mit einem Gitterrabott die Oberfläche aufgerissen bzw. aufgeraut. Der Hersteller liefert genaue Verarbeitungsangaben.

In München wurde neben den Putzarbeiten auch eine automatische Lüftungssteuerung eingebaut. Nach nur einem Jahr führten wir noch weitere Arbeiten im Keller aus und konnten feststellen, dass der Keller sehr trocken war. Und das in 3 m tiefen Kellern, die immer mit Feuchtigkeit von außen zu kämpfen haben!

Mittlerweile gibt es das Wirkstoffkonzentrat seit über 40 Jahren. Immer wieder halfen mir die Erfahrungen anderer Praktiker, dass ich 100%-Bautechniken kennenlernen und deren positive Wirkungen am Bau erleben durfte.

Text 77: Fassade nachträglich am Altbau dämmen?

Alle bauphysikalischen Prozesse, die wir in diesem Buch zusammen behandeln, verneinen diese Frage! Das U-Wertbauen hat die heutigen bauphysikalischen Prozesse hervorgebracht. Sie führen zu Feuchtigkeitsschäden und Schimmelbildung. Darüber hinaus ist es das unwirtschaftlichste Bauen!
Auch sonst spricht alles gegen eine nachträgliche Dämmung auf der Fassade, weil sie fast zu 100% aus **Sondermüll** besteht.

Die **Wirtschaftlichkeit** muss immer gegeben sein. Sie wird außerdem gefordert von der Energieeinsparverordnung (EnEV) § 25 Befreiungen. Bei Youtube: „BauTV Richtig Bauen" ist dazu auch ein Video hochgeladen. Es ist ganz einfach, die Wirtschaftlichkeit auszurechnen. Heute 2022 gilt das Gebäudeenergiegesetz, wo das Gleiche gefordert wird. **Nur wer hält sich daran?**
Mit dem ERIFOL®-System ändert sich alles!

Dazu unterbricht die Dämmung auf ein alten Haus das bauphysikalische Gleichgewicht für immer! Entgegen einer Verbesserung des Hauses kommt es bis zum Abriss dieser Fassadentechnik, zu einer Verschlechterung des gesamten Hauszustandes.

In zwei Büchern (11) vom Institut für Bauforschung e.V. in Hannover, sind schon seit 2006 Instandsetzungsintervalle und die Instandsetzungskosten von ausgewählten Fassadentechniken aufgeführt. Dabei hat ein Wärmedämmverbundsystem (WDVS) in 80 Jahren gegenüber einem Verblendmauerwerk ca. **460% höhere Kosten** und gegenüber einem Haus mit Edelputz **360% höhere Kosten.**
Das sind Zahlen, die kaum zu glauben sind. Das überhaupt solch ein System auf unsere Häuser kommt, ist reine Zeit- und Geldverschwendung.
An allen gedämmten Häuserfassaden kann abgelesen werden, insbesondere wo sich Bäder befinden. Meistens stehen die Fenster auf Kipp, wo die warme feuchte Heizungsluft an den Fensterstürzen kondensiert und sich die Algen bilden!
Früher gab es die Baupolizei. Heute hätte sie alle Hände voll zu tun dieser Energievergeudung einen Riegel vor zu schieben.

Deswegen ist es reiner Unsinn, dieses System zu verkaufen oder mit seiner **Unterschrift** in Auftrag zu geben. Es ist einfach nicht zu glauben, dass darüber zu wenige Menschen Bescheid wissen. Es gibt 100%-Bauwissen seit Jahrhunderten gereift und immer weitergegeben.

Text 78: Fassade - was spielt sich an ihr ab?

In den bauphysikalischen Kapiteln behandeln wir schon viele Prozesse wie Wärme- und Feuchtigkeitseinflüsse. Der Prozess der Frosteinwirkungen, der in unseren Breiten, im Flachland ca. 80 mal im Jahr stattfindet und im Mittelgebirge etwa 100 mal, hat wohl den größten Einfluss auf unsere Fassaden. Der Prozess ist der Frost-Tauwechsel, frieren und auftauen! Am besten ist dieser in Buch(4) erklärt. Ich komme aus dem Staunen nicht heraus, was schon 1975 weitestgehend bis zu Ende gedacht werden konnte.

Eichler und seine Mitstreiter, die das Werk(4) geschrieben haben, waren viel weiter mit ihrem bauphysikalischen Verständnis als die Ingenieure und Professoren heute! Sie hätten heute sicherlich viel Freude an der Reflexionsfolie von ERIFOL®.

Immer wieder geht es um Grundaussagen, wie hier zum Wohnungsbau 1945 und zu seinen bewährten Baustoffen.
*„Die Außenwände wurden zunächst noch mit Ziegeln gemauert. Aber schon das Streben, an Stelle des **traditionellen Weißkalkputzes**, der sich seit Jahrhunderten bewährt hatte, glasierte Keramikwandplatten im Zementmörtelbett als Wetterschutz von vielgeschossigen Bauten aufzubringen, hat viele Schäden gezeitigt und Sanierungsmaßnahmen erforderlich gemacht. Hier wurde das riskante Prinzip verwirklicht, auf einen weichen porenhaltigen Wandkern mit mittelmäßiger Festigkeit, einem bestimmten Wassersaugvermögen und einer geringen Reaktion auf Temperatureinwirkungen eine **sprödharte diffusionsdichte Schale** aufzubringen, die fester ist als der Untergrund, aber weniger saugfähig und dafür erheblich wärmedehnungsfreudiger ist als der Wandkern.(4)*
Genau das spielt sich heute auf den Fassaden mit den Wärmedämmverbundsystemen ab. Die alten Häuser, noch mit funktionie-

render Kalkputzfassade ausgestattet, werden mit dem unnatürlichsten Fassadensystem der Baugeschichte für immer ruiniert.

Die Strafe zahlen später immer die Hausbesitzer oder die nächsten Generationen. Eine sprödharte diffusionsdichte Schale finden wir heute als die angebliche 100%-Lösung auf den meisten Fassaden. Das ist allerdings die 100%-Lösung für den linken Verkäufer, bis er das Geld in der Tasche hat. Wie im Text wunderbar beschrieben, haben wir nur eine Chance, Schritte zurückzugehen zu den einfachen Bauweisen.

Die sich bis heute anscheinend immer weiter entwickelnden Bautechniken, sind nichts anderes als Rückschritte. Die Plattenbauweisen oder neuerdings die immer mehr zu verzeichnenden dünnen Betonwände mit dicker Dämmung haben nichts mit bauphysikalischem Wissen zu tun.

„Die Unempfindlichkeit eines Kalkmörtels gegenüber Verarbeitungsfehlern haben sie alle nicht."(4)
Ein- und mehrschichtige Außenwände unterscheiden sich bauphysikalisch grundlegend. Sie sind inhomogen und in wärme- und noch viel mehr in diffusionstechnischer Sicht problematisch.
Die bauphysikalischen Beanspruchungen werden hauptsächlich durch meteorologische Elemente beansprucht!
- Sonne (Sonnenstrahlung, - wärme, UV-Strahlung)
- Niederschläge (Regen, Schnee, Reif, Fassadenwasser, absinkende Feuchtigkeit)
- Wind (Wind + Regen = Schlagregen, Auskühlung durch Wind)
- Wärme (Temperaturänderungen, Hitze, Frost)

Die Homogenität des Gebäudes in seiner Gesamtheit wird noch wichtiger und deutlicher, wenn zu den Einflüssen die vier verschiedenen Himmelsrichtungen dazu genommen werden. Das heißt, dass sich die Wechselwirkungen an einem Wohngebäude, insbesondere an der Fassade stündlich ändern.
Wenn wir dann noch die vier Jahreszeiten dazu nehmen, dann sollten wir uns klarmachen, dass Baustoffe und Häuser in ihrem langen Leben, je nach Fassadenfarbe 80-100 Grad Unterschiede, vor allem an Südwestfassaden immer mal wieder aushalten müssen.

Hierzu müsste ich das gesamte Buch abschreiben, damit auch der letzte Planer und Handwerker versteht, was sich an und in unseren Häusern abspielt. Die Forderung nach mehr Elastizität an den Fassaden ist zwingend notwenig.

„Wir bringen „fette", zementhaltige Putze auf porige Außenwandplatten auf, vergessen jedoch, daß mit steigendem Zementanteil die Elastizität der Schicht zurück geht und die Neigung zur Bildung von Schwindrissen wächst. Die dadurch erreichte Verbesserung der Druckfestigkeit nützt gar nichts, da sie nicht von entsprechender Zugfestigkeit begleitet wird. Es kommt dazu, daß der Längendehnungswert der zementhaltigen Außenschicht größer ist als der des Wandkerns.

Soll die Wetterschutzschicht mit den Außenwandelementen fest verbunden werden, so muß sie zwar ausreichende Adhäsionskräfte, aber noch mehr ausreichende bis vorzügliche Kohäsionskräfte und eine bestimmte Elastizität aufweisen, damit Stauungen und Zerrungen der Außenhaut weder zu Faltenbildung, Absprengenden noch zu Rißbildungen führen.

Es wird immer noch in großem Maßstab versucht, diese Aufgabe mit Hilfe von Kalkzement- oder reinen Zementmörtelputzen zu lösen. **Es wird übersehen, daß der Außenputz seit Jahrhunderten unter ganz anderen Bedingungen seine Funktion erfüllt hat."(4)**

Seit Jahrhunderten gibt es den funktionierenden Kalkaußenputz auf Ziegelmauerwerk. Bei richtiger Ausführung, die heute erst wieder erlernt werden muss, funktioniert der Putz die nächsten **Jahrhunderte!**

„Der Außenputz findet im Ziegelbau folgenden Voraussetzungen:
- Die kapillare Saugfähigkeit des Mörtels entspricht der des Putzgrundes oder kann entsprechend abgestimmt werden.
- Die Ziegelwand hat einen sehr geringen Wärmedehnungsbeiwert und ein ebenso kleines Quell-Schwind-Maß.
- Die Ziegelwand bietet dem Putz eine mechanische Verdübelung mit Hilfe der Fugen und saugt das Anmachwasser des Putzes an (Verdübelung im Mikrobereich).

- Dichte und Festigkeit der putztragenden Wand sind größer als die des Putzes; das ist auch notwendig; es ergibt sich ein Festigkeitsgefälle nach außen hin.

- Die Wärmeleitfähigkeit von Außenputz (MG II) und die von Ziegelwand sind gleich groß. An der Grenzfläche ergeben sich Temperaturspannungen.

- Bei Beregnung nimmt die saugfähige Wand dem porigen Putz das Wasser ab, speichert es ohne Schaden und gibt es unter günstigen Klimabedingungen wieder ab.

- Die Eindringfläche für Feuchtigkeit und die „Abdampffläche" haben die gleiche Große.

Dies sind günstige Voraussetzungen für den Außenputz, der mit der Wand zusammen eine funktionelle Einheit bildet. Der Wetterschutz im Ziegelbau wird nicht mit dem Außenputz allein, er wird von der Wand und dem Putz in Zusammenarbeit geleistet."(4)

Es geht hier um die 100%-Baulösungen. Um die 100 Prozent wieder zu erreichen, bedarf es großer Einsichten und des Umdenkens aller Menschen.

Wollen wir weiter mit sinnlosen Bautechniken und Sondermüll unsere Häuser vernichten oder endlich wieder Bautechniken aufleben lassen, die uns wirklich helfen und unsere Erde nicht weiter belasten?

Früher, das heißt vor ca. 10 Jahren gab es noch bei Baustoffhändlern vorgemischten feuchten Kalkmörtel. Es gab Mauermörtel oder Putzmörtel, den man noch sehr günstig kaufen konnte. Es kann sein, dass es auch noch weitere gute Kalkputzhersteller gibt. Mir ist es wichtig das interessierte Menschen von 100%-Herstellern bedient werden.

Seit fast 12 Jahren arbeite ich mit den Hessler-Kalkwerken(16) aus Wiesloch zusammen. Die Putze sind von hervorragender Qualität und enthalten keine versteckten Zemente, andere Bindemittel und Konservierungsstoffe. Florian Gramespacher der noch sehr jung in dem Unternehmen ist, antwortet auf alle kritischen Fragen von mir. Ich habe ihn gebeten ihr Werk kurz vorzustellen!

„Unser Unternehmen, die Hessler Kalkwerke GmbH wird mittlerweile bereits in fünfter Generation geführt. Tradition und Familie spielen seit jeher eine große Rolle und werden es auch künftig tun.
Als Baustoffproduzent sehen wir es als unsere Aufgabe an, Produkte anzubieten, die wir selbst in unser Eigenheim einbauen würden.
Um dieser Aufgabe gerecht zu werden, stellen wir seit mehr als 130 Jahren unsere Produkte mit dem in unserem Steinbruch gewonnenen Kalkstein in eigener Produktion her. Im Vordergrund steht dabei die Qualität unserer Produkte. Während der Produktion verzichten wir in unseren Kalk- und Kalk-Lehmputzprodukten konsequent auf Zement, synthetische Bindemittel und Konservierungsstoffe, um die Vorteile von Kalk auch tatsächlich zu erhalten.
In diesem Zusammenhang setzen wir altbewährte Baustoffe ein, kombiniert mit modernen, innovativen Baustoffen und unter Zugrundelegung eines nachhaltigen Ursprungs.
Wir bedanken uns bei Christoph Jaskulski für die Erwähnung in seinem aktuellen Buch und wünschen ihm für den weiteren Weg seiner Aufklärungsarbeit zu Baustoffen auch weiterhin viel Erfolg.“

Wenn sich weitere Kalkputzhersteller bei mir melden, die genauso 100%-Baustoffe herstellen, nehme ich diese gern in dieses Buch mit auf. Allerdings sind die Qualitätsstandards sehr hoch. Denn in einem weiteren Gespräch mit Herrn Gramespacher wird deutlich, wie die Kalkputze ganz „legal" verändert werden können.

Die sogenannte „Kalknorm" wird nämlich unterschieden in der DIN EN 459-1, in **NHL** (natürlich-hydraulischer Kalk) und **HL** (hydraulischer Kalk). Dabei handelt es sich bei dieser Norm, beim **HL** um ein Stoffgemisch, was mit einem 100%-Baustoff nichts zu tun hat. In Buch (4) steht nicht umsonst ein weitreichender Satz, den ich schon einmal genannt habe:

> **„Es wird übersehen, daß der Außenputz seit Jahrhunderten**
> **unter ganz anderen Bedingungen**
> **seine Funktion erfüllt hat."(4)**

Grundlagen für das Buch (4) sind aus dem Buch von W. Piepenburg; „Mörtel- und Mauerwerksputz" aus dem Jahre 1961, beim Bauverlag erschienen. Wenn wir 100%-Fassaden haben wollen,

Fotos Jaskulski - Edelputz - Dreilagenputz mit Sumpfkalkanstrich

die über Jahrzehnte funktionieren, dann müssen wir auf alte, bewährte Techniken zurückschauen. Heute sichtbar funktionierende Fassaden weisen uns den Weg.
Mit dem Erifol®-System erfolgt die sichere Wärmedämmung und Temperierung von innen, so daß die Verluderung Fassade ein Ende hat.
Vor allem in der Denkmalpflege ist das Erifol®-System von großem Wert!

Text 79: Fassadenanstrich - Dämmfassaden erhalten und instandsetzen

Schauen wir in Malerfachbücher um 1940, finden wir die Arbeit des Malers noch nicht auf unseren Fassaden. Zu der Zeit haben sich aber schon manche Anstreicher mit irgendwelchen Beschichtungen auf den Fassaden versucht! Es waren mehr klägliche Versuche, weil die aufkommenden Industrieanstriche mehr versagten als funktionierten. Vom Tüncher zum Fassadenretter? Niemals!

In meinem 2. Buch steht ausdrücklich, dass ein Haus das funktionieren soll, keinen Maler benötigt. Zumindest nicht für Innen.- und Außenwände, da versagt dieses Gewerk seit Jahrzehnten!

Leider regiert, besser drangsaliert, heute dieses Handwerk unsere Fassaden, wie ich nun schon lang und breit beschrieb.

Auch auf dem Gebiet der Fassadenanstriche geht es genauso zu wie bei anderen Bautechniken. Die Industrie will viel Geld verdienen. Garantien gibt sie aber viel zu wenig für ihre zweifelhaften Anstriche. Funktioniert ein Anstrich nicht wird das Problem dem Handwerker zugeschoben.

Ich fange mit dem natürlichsten Fassadenanstrich an, dem Sumpfkalkanstrich. Vor über 5 Jahren erfolgte von mir die Instandsetzung einer Edelputzfassade. Ein Giebelputz musste erneuert werden. Ich wählte den Dreilagenputz und als Abschluss 3 Anstriche mit Sumpfkalk.
Die Materialkosten für den Sumpfkalkanstrich waren sehr gering. Die Lohnkosten für 3 Anstriche standen dagegen. Seit 6 Jahren beobachte ich diese Fassade, die nichts von ihrem leuchtend weißen Glanz verloren hat. Wenn der Anstrich erneuert werden muss, dann reinigen, mit Sumpfkalk streichen und fertig! Sumpfkalk ist der natürlichste 100%-Anstrich! Auch Hessler-Kalkwerke haben diesen Anstrich im Programm.

Wie sollen nun andere Fassaden wieder beschichtet werden? Massivhäuser oder Vollwärmeschutzfassaden sind immer ein Thema.
Auch hier bin ich in den letzten Jahren, mit einem für mich **100%-Produkt** fündig geworden. Das ist ein Fassadenanstrich der schon über einige Jahrzehnte funktioniert, was natürlich in unserer industrieorientierten Lobbywelt nicht sein darf. Ich war auch erst skeptisch, aber die Erfahrungen mit dem Anstrichsystem lassen nur eines zu! Die Anwendung, wenn das Entfernen der Dämmfassade kostentechnisch noch nicht realisiert werden kann.
Wenn alte Fassadenanstriche mit diesem Anstrichsystem beschichtet wurden, dann erfolgte eine viel längere Haltbarkeit, wie ich selbst erleben durfte. Das überall sichtbare Algenwachstum und die Risse sind da ausgeblieben. Ein wichtiges Argument für das System, ist die nachgewiesene Energieeinsparung der Heizkosten in den Gebäuden. Egal ob Einfamilienhaus oder große Mietsgebäude, die Einsparung war überall festzustellen.
Das war der Stand vor 2 Jahren. An den nachfolgenden Fotos kann jeder in Ottobrunn, östlich von München sehen, welche Unterschiede nach 8 Jahren sichtbar waren und hoffentlich noch sind!

Da die Welt sich weiter dreht und die Inhaltsstoffe der Anstriche die Qualität bestimmen, sind die 100% nicht mehr zu halten.
Aus **ThermoShield** durfte ich von den Erifol®-Experten den Unter-

Fotos Jaskulski - Fassadenanstrich links Silikonharzfarbe - rechts mit ThermoShield nach ca. 8 Jahren - sichtbar was besser ist!

schied zu **Thermoline-Farben**(18) kennenlernen. In ThermoShield sind Keramikkügelchen und in Thermoline sind Glaskügelchen! Auch hier lässt sich der Unterschied im Reflexionsgrad feststellen.
Im Internet unter Thermoline-Farben werden die gleichen Probleme angesprochen, wie ich hier im Buch darlege.
"In Bauphysik werden zur theoretischen Berechnung des Wärmebedarfs von Gebäuden stationäre Verhältnisse vorausgesetzt. Der U-Wert, der den theoretischen Augenblick- oder Behaarungszustand beschreibt, ist völlig praxisfremd und kann nur in einer Klimakammer im Labor nachgestellt werden. Wind, Feuchte und solare Einstrahlung in und an Gebäudehüllenkonstruktionen sind maßgeblich am Heizungsverbrauch beteiligt."(18)
Die U-Wertprobleme werden überall beschrieben und trotzdem wird daran festgehalten und weiter ungehindert Sondermülldämmungen verkauft!

Text 80: 100%-Außenputz und Instandsetzung

Wie in diesem Buch ausführlich erörtert, zeigen die Jahrzehnte alten bewährten Erfahrungen, dass ein 100%-Außenputz aus Kalk bestehen sollte. In Verbindung mit einem Ziegelvollmauerwerk entsteht die 100%-Außenwand.

Den Dreilagenputz als Wort, kannte ich so wie heute beschrieben auch nicht. Allerdings haben wir Anfang 1980 in Dresden noch Gebäude mit Kratzputz hergestellt, Spritzbewurf, Unterputz und Oberputz. Von innen nach außen werden Korngrößen kleiner = Dreilagenputz!
Der Kratzputz ist noch überall sichtbar und oft mehrere Jahrzehnte alt. Leider wird er oft unfachmännisch repariert und einfach mit zweifelhaften Fassadenfarben beschichtet.
Dabei haben Hessler-Kalkwerke auch dafür Instandsetzungssysteme, die natürlich sind und schon Jahrzehnte funktionieren.
Fassaden werden bis zum tragfähigen Putz mit Staubabsaugung abgeschliffen und mit einem Instandsetzungssysteme wieder aufgebaut. Die gesamte Baulandschaft wird sich grundlegend ändern!
Die Handwerkskammern, wenn sie noch bestehen bleiben wollen, werden neu ausgerichtet.

Text 81: Verblendfassade instandsetzen

Den höchsten Fassadenwert eines Hauses besitzt das Verblendmauerwerk. Dieser Fassadenwert bleibt nur, wenn die Fassade mit der Fugenkelle instand gehalten wird!
Es müssen Probeflächen hergestellt werden, damit annähernd die Fugenfarbe gefunden werden kann. Die farbigen Fugenmörtel zum Beispiel früher von QuickMix sind in ihrer Endfestigkeit viel zu fest und haben einen zu hohen Zementanteil! Dieser Zustand muss untersucht werden!
Auch wenn ich mich in Texten wiederhole: Im Zusammenhang mit den Texten gehört die Wirtschaftlichkeit immer dazu. So prägen sich Zahlen auch besser ein!
Schon 2006 wurden vom Institut für Bauforschung in Hannover Instandsetzungskosten- und Intervalle veröffentlicht.
Dabei liegen die Instandsetzungskosten über 80 Jahre für ein **Verblendmauerwerk**, ca. **460 %** niedriger als bei einem **Wärmedämmverbundsystem (WDVS)**.

Ich wohne in Niedersachsen. Da sieht jeder diese wunderschönen funktionierenden Fassaden. Viele Fugen sind sehr hell, fast weiß. Der Kalkanteil wird da sehr hoch gewesen sein.
Durch das U-Wert-Bauen und die darauf basierende Falschbewertung der massiven Häuser, die oft mehr als 80 Jahre alt sind, werden solche Häuser oft durch ein **460%** teureren WDVS für immer zerstört!

Foto Jaskulski - Fassade
Instand gesetzt 1995

Auch die Hohlräume von zweischaligen Außenwänden werden oft mit zweifelhaften Materialien geschlossen.
1995 war ich noch bei einer Baufirma angestellt. In der Zeit war ich Bauleiter an einem schönen Mehrfamilien-Backsteinhaus in Langenhagen. Die Fugen wurden damals ausgeschnitten, die Fassade abgewaschen und neu verfugt. Danach kam noch eine Hydrophobierung (Imprägnierung) auf die Fassade, die mit den Jahren wieder nachläßt. Die Industrie hat immer zusätzlich Geld verdient. Viele teure und wie Folie aussehende Imprägnierungen haben auch Fassaden zerstört.
Heute fast 28 Jahre später sieht die Fassade noch sehr gut aus. Jeder kann sehen was funktioniert! Es bleibt nur uns zu besinnen diese Häuser natürlich zu erhalten.

Text 82: Sockelprobleme lösen

Sockel aus Naturstein, Kalk- oder Sandstein zeigen, dass sie über Jahrhunderte funktionieren! Warum? Weil nach dem Auffeuchten durch Regen wieder ein Entfeuchten geschieht! Die Erosion, die

Frost-Tauwechsel und die Umweltverschmutzungen haben den Sockeln immer wieder zugesetzt.

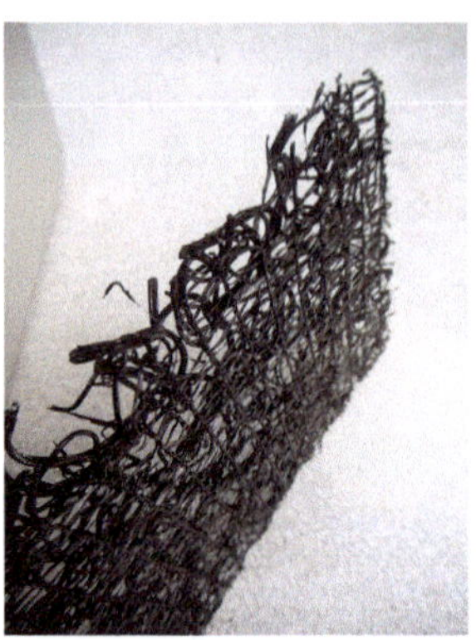

Fotos: Jaskulski - Putzträgermatte hinterlüftet

Meistens wurden dann auf weichen Untergrund dichte Zementputze für die Instandsetzung verwendet, die nicht lange funktionieren konnten. Sockelprobleme gibt es seit es den Sockel gibt. Ein weiteres Problem der dichten Sockelinstandsetzungen, ist die aufsteigende Feuchtigkeit! Wurde der Sockel mit Zementputz oder Fliesen dicht gemacht, dann zog die Feuchtigkeit hinter diesen dichten Schichten im Mauerwerk höher und kam dann zum Vorschein.
Auch hier gibt es inzwischen eine 100%-Lösung!
In dem Produktflyer steht folgendes:

„Das AERO-dry Sanierputzsystem® ist eine beständige Methode, Salzausblühungen und Feuchtigkeitsübertragung vom Mauerwerk in den Putz zu unterbinden.
Zusätzlich wird durch die innen liegende AERO-dry® Putz-Trägermatte (Wirrgelege), die Wärmedämmung deutlich und fühlbar verbessert.
Das innovative AERO-dry Sanierputzsystem® bewirkt eine absolute Trennung zwischen dem alten Mauerwerk und dem neuen Oberputz.

Der größte Vorteil des AERO-dry Sanierputzsystem® ist die gänzliche Trennung des Oberputzes vom Mauerwerk.

Das durch Salze und Feuchtigkeit belastete Mauerwerk wird durch die AERO-dry® Trägermatte vom neuen Oberputz getrennt. Die Salz- und Feuchtewanderung von der Mauer in den neu aufgebrachten Putz ist somit vollständig unterbunden (pH-Wert und elektrische Trennung).
Die ruhende Luftschicht zwischen dem Mauerwerk und neuem Putz verbessert den Wert der Dämmung und spart wertvolle Heizenergie.

Diffusionsoffene Materialien schaffen ein gutes Raumklima und regulieren die Luftfeuchtigkeit. Optimierte Oberflächentemperaturen im gesamten Raum entziehen der Schimmelbildung den Nährboden.
Im AERO-dry Sanierputzsystem® sind keine Sperren vorhanden. Die Zwischenlage AERO-dry® Trägermatte dient als stehende Luftschicht."(17)

Das ist eine 100%-Sockellösung und auch für feuchte Räume und Wände geeignet. Das wichtigste Merkmal des genial ausgedachten Systems ist die sichere Abkoppelung des Mauerwerks zum Oberputz. Dadurch werden Sockelschäden durch Feuchtigkeit erheblich minimiert bzw. unmöglich!

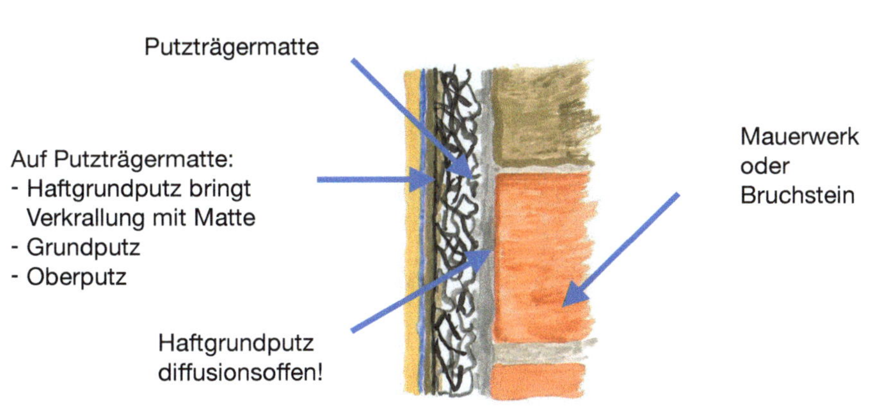

Gemalt: Jaskulski - AERO-dry Sanierputzsysteme (17)

Kapitel IX: 100% Lösungsangebote - Altbau - Innenarbeiten

Text 83: Innendämmung

Weil die Menschen die Dämmkonstruktionen längst durchschaut haben, kommen immer mehr echte alternative Lösungen für das Dachgeschoß.
Die Kellerdeckendämmung ist wie schon beschrieben und hinaus geworfenes Geld, genauso wie das **Dämmen der oberen Geschoßdecke** nach dem U-Wertbauen. Statt Folien und dicke Dämmung, kommt bei mir Vollholz zum Einsatz.
Jetzt kommt die Planung mit dem Erifol®-System dazu.

Alle Baustoffeigenschaften und alle möglichen Einflüsse aufskizzieren, den Sondermüllaspekt beachten.

Jedes Haus hat seinen eigenen Grundriss, seine Struktur und ist wie jeder Mensch einzigartig. So ist jedes Haus ganz individuell zu behandeln, wobei es natürlich auch auf den Geldbeutel ankommt.

Fotos Jaskulski - Dämm- und Speicherputz auf Innenwände

Lösung: Dämmputz von Hessler-Kalkwerke

Die Dämmgesetze werden geändert und damit auch die Dämmscheucherei „Du musst Dämmen, das ist Gesetz, sonst wirst Du bestraft." Totaler Unsinn, weil der § 25 Befreiungen in der EnEV , jetzt GEG, die Wirtschaftlichkeit jeder Maßnahme regelt. Unwirtschaftlich sind alle verordnete Energiesparmaßnahmen!

Text 84: Innenputzarbeiten allgemein und mit Kalkputz speziell

Heute werden die Wände überwiegend mit Gipsputz verputzt. Auch Elektrikerschlitze bei Kalkputzwänden werden hauptsächlich mit Gipsputz geschlossen. Ich halte sehr wenig von Gipsputz. Immer wieder ist zu lesen, dass in den achtziger Jahren Grenzwerte verändert wurden, weil damals der Gipsputz gesundheitsschädlich war.

Bei jedem Baustoff kann immer die Volldeklaration eingesehen werden, um sicher zu gehen, was drin ist.
Ich bin mit dem Kalkputz groß geworden und ich kann heute noch die verschiedenen Putze selbst herstellen. Der Kalkputz, den Hessler-Kalkwerke(16) herstellen, läßt sich sehr einfach verarbeiten. Der größte Vorteil gegenüber dem Gipsputz, ist die lange offene Zeit für die Verarbeitung und das Abbindeverhalten! Jeder der Bock hat selbst zu putzen, wird schnell Spass haben mit diesem Hessler-Kalkputz. Der Putz wird nicht so schnell fest! Eher das Gegenteil ist der Fall!
Es gibt einen Mörtelwerfer in Verbindung mit einem Kompressor, womit jeder sehr leicht den Putz antragen kann.

Zum Beispiel wird der Kalkleichtgrundputz heute aufgetragen und in die Ebene gebracht. Viele Stunden vergehen bevor es schwieriger wird ihn weiter zu bearbeiten. Entweder man richtet am selben Tag noch ab oder am nächsten Tag. Abrichten heißt mit einem Alurichtscheit oder einer geraden Holzlatte die Fläche in die Ebene kratzen oder mit dem Rabott aufrauhen und oberflächlich abrichten. Vertiefungen, Dellen oder Löcher können mit dem Putz noch ausgeglichen werden.

Bedenke, dass der Putz 1 mm pro Tag aushärten soll! Das heißt, er ist lange geschmeidig und leicht oberflächlich zu bewegen! Deswegen ist er sehr weich eingestellt und härtet nicht so schnell durch wie der Gipsputz!

Putzanleitung, so wie ich es mache!
Der schnellste Weg zu einer geraden Putzfläche, ist das Herstellen von senkrechten Putzlehren. Beim Tischler oder im Baumarkt gibt es 2 m Hartholzleisten.

Zum Beispiel 1,5 x 1 cm oder 2 x 1 cm. Tischlereien haben immer Leistenreste rumstehen. Solche Leisten kann man drehen, je nach Putzstärke.
Die Untergrundvorbereitung steht ausführlich beschrieben auf den Putzsäcken! Je nach Saugfähigkeit, befeuchte ich im Allgemeinen den Putzgrund mit sauberem Wasser.

Den Kalkhaftgrundputz trage ich mit dem Zahnspachtel 10-15 mm auf, ungefähr im Winkel von 45 Grad. So bleiben ca. 8-10 mm Kamm stehen!
Nach dem Erhärten des Kalkhaftgrundputzes, nach ca. 1-2 Tagen, kann auf die ausgehärtete Fläche eine ca. 1,5 x 1 cm Hartholzleiste mit dem Kalkleichtgrundputz senkrecht ganz leicht angesetzt und nur wenig angedrückt werden. So dass die Leiste gerade so stehen bleibt. Nun kann am besten senkrecht ein 2 m Alurichtscheit mit Wasserwaage angelegt werden.

In Ruhe wird die Leiste leicht angedrückt, eingerichtet und nach rechts oder links ausgerichtet. Abstand je nach Länge der Richtlatten, 1 bis 2 Meter.

Oder ich trage einen 10 cm breiten senkrechten Streifen mit Putzmörtel an, den ich mit einer Richtlatte ausrichte. Da gehört schon etwas mehr Erfahrung mit Putzarbeiten dazu. Weil der Putz sehr leicht ist, dauert das Erhärten viel länger!

Auf der Latte kann dagegen sehr schnell weiter gearbeitet werden. Wenn die Latten angezogen sind können die Felder mit Putzmörtel ausgefüllt werden.
In einem Neubau oder Altbau kann mit diesem Putz von Raum zu Raum gegangen werden und die Putzarbeiten können in aller Ruhe ausgeführt werden. Es besteht nicht das Problem wie bei dem Gipsputz, der sehr schnell abbindet. Gerade für den Laien ist es wichtig, dass das Material einfach und lange zu verarbeiten ist.

Das Reinigen der Werkzeuge und Kübel muss bei Gipsputzarbeiten penibel erfolgen. Sonst bleiben schnell Gipsreste zurück, die dann die nächste Mischung schneller abbinden lassen.
Der Kalkputz ist da viel liebevoller zum Verarbeiter. Die Werkzeuge und Kübel müssen auch gereinigt werden, aber alles geht sehr viel ruhiger vor sich!

Nachdem der Putz pro Millimeter 1 Tag getrocknet ist, wird der Oberputz am besten zweimal mit einem bestimmten Korn 0,5 mm oder 1 mm aufgezogen, gefilzt oder abgeschwämmelt. Es gibt viele Worte für diesen Vorgang.

Das kann schon im fertigem Farbton geschehen oder in Natur weiß. Ein weißer oder mit Pigmenten versetzter Sumpfkalkanstrich kann den Abschluss bilden.

Wie mit Oberputzen umgegangen wird, kommt speziell im nächsten Text! Die Verarbeitungsrichtlinien der Hersteller sind bei allen Baustoffen und Arbeiten zu beachten.

Text 85: Innenwände - Rigipswände instandsetzen - Oberputz

Wenn heute alte Häuser bezogen werden oder eine neue Mietwohnung, dann werden oftmals tapezierte und mehrmals gestrichene Wände vorgefunden.

Die Untergründe sind dann zumeist sehr verschieden. In Dachgeschoßräumen finden sich überwiegend Rigipsplatten bzw. Gipskartonplatten mit Rauhfasertapeten und Anstrichen. Die Wände und Oberflächen sind dadurch eher dicht! Das heißt, sie können so gut wie keine Feuchtigkeit aufnehmen.

Dazu gesellen sich die ungesunden Heizkörper, die fast ausschließlich die warme Luft durch die Räume pusten. Das ist die beste Rezeptur für Schimmelbildungen! Werden die Fenster zum Lüften geöffnet, dann entweicht die Luft. Frische Luft, die feucht sein kann, trifft innen auf die kalten Außenwände und kondensiert auf den Innenwandoberflächen.

Da diese Oberflächen aber kaum oder keine Feuchtigkeit aufnehmen können, bleibt die Frage, wo sich die Feuchtigkeit am liebsten niederschlägt. In den Raumecken, Fensterleibungen und Sturzbereichen oder am liebsten in den Bereichen an den unteren Ecken und Ixeln (Icksel).

Wenn die Heizung nicht erneuert wird, dann bleibt nur noch eine 100%-Lösung, um der Schimmelentwicklung entgegen zu wirken. Die Wände müssen möglichst von der Dichtheit befreit werden. Wenn man Glück hat, ist unter der Tapete der alte Kalkputz zu finden. Das sind dann Flächen, die Feuchtigkeit aufnehmen und bei

Fotos Jaskulski - links Kalkputz unter Tapete - rechts Dispersionsfarbe - Untergrund mit Kalkhaftputz aufkämmen oder spachteln, je nachdem wie dick der Putzauftrag werden soll.

Bedarf wieder abgeben können. Der Untergrund kann auch mit Dispersionsfarben gestrichen sein, was sehr oft vorkommt. In beiden Fällen kommen wieder die Hessler-Kalkprodukte zum Einsatz.
An Wand und Decke kann ein Kalkhaftgrundputz mit der Zahnkelle oder der Glättkelle aufgetragen werden. Dieser Putz trocknet je nach Dicke, in der Regel in 1-2 Tagen durch. Damit habe ich einen Untergrund für einen dickeren Zwischenputz oder den Oberputz geschaffen.
So können die aufgezogenen Kämme mit dem Kalkleichtgrundputz und mit dem Glätter zugezogen werden. Das heißt, dass ca. 5-10 mm aufgetragen werden können. Wenn ein Raum 50 qm Wand-

und Deckenflächen besitzt, dann können zwischen 250-500 Liter Masse aufgebracht werden, die im trockenen Zustand Feuchtigkeit auf- und wieder abgeben können.
Die Flächen können gefilzt werden oder noch mit einem Oberputz in 0,5 oder 1 mm Korn überzogen und gefilzt werden. Je nach Anspruch an die Qualität der Oberfläche.

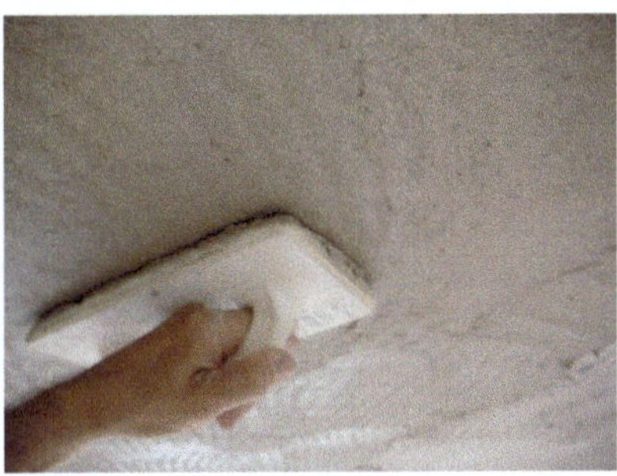

Fotos Jaskulski - Nach dem Schließen der Kämme kann die Fläche an der Decke mit dem Schwammbrett verrieben werden um eine ebene Fläche für den Oberputz zu erreichen.

Fotos Jaskulski - Oberputz 0,5 mm auftragen und schwämmeln, danach mit Sumpfkalkanstrich streichen oder im Putzton lassen.

Da immer Ebenen da sind, können Laien mit Zahnkelle und Glätter wenig falsch machen! Mit dem Glätter können kaum große Unebenheiten entstehen!

Wichtig! Nach dem ersten Anmischen sollte nach 5 bis 10 Minuten nochmal nachgemischt werden, weil der Kalkputz nach dem ersten Mischen nochmals nachsumpft und sich dadurch dicker und schwerer anfühlt. Vor dem Nachmischen nur sehr sparsam nochmal Wasser zugeben, sonst kann der Mörtel zu dünn werden!

Kleiner Tipp dazu! Wenn ich nur kleine Mengen Wasser zugeben möchte, dann schütte ich das Wasser nicht mit dem Eimer dazu, sondern nehme meine Kelle, tauche sie flach ins Wasser und der Wasserfilm auf der Kelle wird hinzugegeben. So kann es kaum geschehen, dass zu viel Wasser in die Mischung kommt und diese dann zu dünn wird.
Dieser Tipp ist bei allen kleinen Mischungen wichtig, wenn ich nur kleine Gebinde habe. Wenn das Gebinde (Pulver) vollständig im Eimer ist, muss die Wasserzugabe penibel zugeführt werden! Besser ist, immer etwas Pulver zurückbehalten um die Konsistenz ausgleichen zu können.

Die Putzflächen können schon pigmentiert sein oder noch mit einem Sumpfkalkanstrich gestrichen werden. Mit einer guten Malerbürste gestrichen kann bei entsprechendem Lichteinfall ein schöner Charakter entstehen.

Noch ein Tipp, wenn die Heizkörper im Raum bleiben müssen. Alle Raumecken, auch Decke/Wand, können mit dem Kalkleichtgrundputz abgerundet werden, damit die kalten Ecken rund und abgemildert werden.

Hier noch einige Vorteile von Kalkputz:
-	hochalkalisch
-	verhindert die Schimmelbildung
-	reguliert die Luftfeuchtigkeit
-	filtert die Raumluft und nimmt Gerüche auf

Heute sind auch die Lehmbaustoffe groß in Mode. Auch diese Produkte sind im Hessler-Kalkwerke-Programm(16) zu finden. Hier verweise ich auf Fachfirmen, die überwiegend mit den Lehmputzen arbeiten. Bei allen Putzarbeiten dauert es eine Weile bis man gut mit dem Baustoff umgehen kann. Daher sind Laien gut beraten,

wenn sie gute Baustoffe von Händlern, dem eigenen Zusammen-
stellen von Mischungen vorziehen.

Text 86: Betonkeller und die Feuchtigkeit

Immer wieder kommen Anfragen, wie die Betonwände in einem
Keller energetisch verbessert oder geputzt werden können.
Betonkeller sind schnell montiert und mit den falschen Heizungen
sofort in der Feuchtigkeitsfalle! Gerade im Sommer, wenn Kellerfenster auf Dauerkipp sind, kommt feuchte warme Luft in die Keller-
räume und kondensiert an den kühleren Betonoberflächen.

Vor 11 Jahren habe ich in einem Keller die Innenwände mit einem
Kalkdämmputz von Hessler versehen. Dieser Keller war feucht und
wurde mit Trocknungsgeräten auf 20 % Luftfeuchtigkeit runter getrocknet.
Danach habe ich mit einem Zahnspachtel Fliesenkleber auf die Innenwand aufgekämmt. Als er durchgehärtet war habe ich ca. 4 cm
Kalkdämmputz aufgetragen, abgerichtet und später gefilzt.

Heute würde ich den Kalkhaftgrundputz aufkämmen, den Kalkleichtgrundputz auftragen und eine Strahlungsheizung installieren.
Das ist für mich eine 100%-Lösung!

Text 87: Alles Platte - Rigips - OSB - Fermacell

Als ich 1979 in Dresden anfing das Bauhandwerk zu erlernen, gab
es die Holzwolleleichtbauplatte (Sauerkrautplatte) und die Gipskartonplatte. Was sich heute kaum noch jemand vorstellen kann, ist
der Holzdübel. Damals gab es im Osten noch keine Fischerdübel!

Das kann sich heute niemand mehr vorstellen. Ich bin dankbar für
diese Zeit. Das massive Mauerwerk war Gesetz. Hohlblocksteine
gab es damals nur in Beton. Man wusste woran man war.

Wenn ich 1980 eine Türöffnung verändert und eine Türleibung auf-
gemauert habe, wurden an drei Stellen ein Holzbrett in die Fuge

gelegt, wo später die Türzarge befestigt wurde. Einfache Technik, ohne Sondermüllbauschaum und hält Jahrzehnte!

Wie im gesamten Buch analysiert, ist die massive gemauerte Wand mit dem Kalkputz die 100%-Lösung.

Das größte Problem in unseren Häusern ist die Feuchtigkeit in Verbindung mit den Diffusionsvorgängen.

Heute ist alles nur noch Platte und vorgefertigt. Viele unsachgemäße Anwendungen gerade von Rigipsplatten auf Kellerwände, verursachen immer wieder erhebliche Feuchtigkeits.-, Bauschäden und Schimmelprobleme.

Die OSB-Platte ist überwiegend gesundheitsschädlich! Das kann im Internet oder im Heft Ökotest nachgelesen werden! Die Platten lassen sich einfach transportieren und werden sehr gerne in großen Massen in Kinderzimmern verbaut! Wenn Kinder wüssten, was ihre Eltern da verbauen, würden die Platten sofort verboten werden! Der Klebstoff und die Beschichtungen sind das Problem!

Aber auch für das Überdecken von alten Fußböden werden diese OSB-Platten gerne verlegt. Yoga oder Gymnastik auf solchen stinkenden Belägen zu machen, ist eine Zumutung für den zahlenden Kunden!

Mit diesem Buch wird sich das Bauen grundlegend. Den Menschen wird hier klar gemacht, dass ein kurzfristiges Baudenken nichts bringt, außer ständige Bauschäden und Reparaturen, sowie gesundheitliche Beeinträchtigungen.

Sie entscheiden mit Ihrem Kauf im Baumarkt und mit Ihrer Unterschrift unter den Auftrag, welches Haus, welchen Planer und Handwerker Sie bekommen und welche Energiesparmaßnahmen. Oder 100%-Bautechniken!

Text 88: Folgen Sie Ihrem eigenen Gefühl und der Intuition

Das Bauen ist schon in den siebziger und achtziger Jahren des vorigen Jahrhunderts weitgehend bis zu Ende gedacht und aufgeschrieben worden. In Eichlers Büchern (4) und (10) vor fast 50 Jahren oder in Meiers Büchern ab dem Jahr 2000, finden sich verständlich vorgebrachte Beschreibungen wie das Bauen und seine bauphysikalischen Prozesse funktionieren.

Die Industrie hat es leider geschafft mit dem Festhalten am U-Wertbauen, das Bauen so zu verkomplizieren, dass niemand mehr durchsieht, was richtig und falsch ist.

Da helfen die Bücher und Schriften von anerkannten Baumeistern und Physikern, um Sicherheit im eigenen Denken und Handeln zu entwickeln. Ich brauchte über 15 Jahre um dieses Niveau zu erreichen und es verändert sich noch ständig. Aber nur in eine Richtung! **Für den Menschen und die Erde.**

Das gesetzliche und übergestülpte Bauen und die verordneten Gefühle in einem Haus mit Klimaanlage zu leben, dürfen wir abstreifen. Folgen wir unserer ureigensten Intuition.

Erst beim Schreiben dieses Buches, was das Studieren des Buches(4) mit sich brachte, bleibt nur die einschalige Außenwand (Lösung) mit 100% Baustoffen übrig, die ähnliche Eigenschaften aufweisen.

Das heißt, Kalk ist der Grundstoff für den Mörtel, der die Ziegelsteine zu einer Homogenität zusammenfügt und mit dem Kalkputz wird der Innenputz und dreilagige Außenputz hergestellt.
Das 100%-Haus zeichnet sich zuerst über die Funktionalität aus. Massive Außenwände aus Ziegelstein oder Vollholz in Verbindung mit der Strahlungsheizung, besser nun Temperierung genannt!

Das jahrelange theoretische und praktische Suchen nach einer 100%-Dachkonstruktion könnte mit dem Trennen des sommerlichen und winterlichen Wärmeschutzes zum Erfolg führen. Mit dem Erifol®-System wird es nun noch einfacher.
Über die Festigkeit des Ziegels und des Putzes lassen sich die besten Eigenschaften einer homogenen Außenwand des Hauses erzielen.

Vor 2 Jahren hoffte ich, dass sich Menschen finden, welche mit mir gemeinsam das Bauen auf den Prüfstand stellen und nach den Naturgesetzen umgestalten.

Mit der Wahrheit finden, begann ich dieses Buch! Mit einigen Sätzen über die Wahrheit beende ich das Buch.

Mit der **Wahrheit** ist es eine schwierige Sache. Ich schreibe über meine subjektiven Wahrheiten, welche meistens völlig anders sind, als die Wahrheiten, mit denen die meisten Menschen erzogen wurden oder heute in Lehrbüchern stehen.

Aus meinen Wahrheiten im ersten 100% Hausbuch, sind nun die Wahrheiten einer Gemeinschaft entstanden!
Diese Wahrheiten sind mit vielen nachvollziehbaren Zahlen untermauert. Über 100 Objekte wurden mit diesen Wahrheiten realisiert, wo Menschen die wohlfühlende Temperierung fühlen und erleben dürfen.

Nun gilt es, dass wir diese Wahrheiten den Studenten näher bringen, damit die Grundlagen für eine 100% Hausplanung Realität werden kann.

Die Rückkehr zum Goldenen Schnitt bringt uns wieder das echte Baumeisterhaus!

Ich wünsche allen Menschen, dass sie sich durch dieses Buch inspiriert fühlen und den Weg in Richtung 100% Haus gehen mögen!

Literaturverzeichnis:
(1) Kreativforscher George Land, Beth Jarman
(2) Baustoffkunde von Wendehorst, Verlag Curt R.Vincentz, Verlagsanstalt Hannover 1950
(3) Baukonstruktionsl. von Frick-Knöll, Teil 1, Steinbau, Verl. für Wissens. und Fachbuch, Bielefeld, 19.Aufl. 1951
(4) Bauphysikalische Entwurfslehre Bd. 2 von Dr.-Ing. Friedrich Eichler, VEB Verlag für Bauwesen - Berlin 1975
(5) Richtig Bauen, von Prof. Claus Meier, Export-Verlag, Renningen 4.Auflage 2006
(6) Baukonstruktionslehre Teil 1 und 2, Frick/Knöll/Neumann/Weinbrenner, Verlag B.G.Teubner Stuttgart 1997,31. bzw. 30. Auflage
(7) fortschrittinfreiheit.de „25 Anforderungen an eine Außenwand",Paul Bossert, Schweiz
(8) Dipl.-Ing. Sven Georgi, 32758 Detmold, Blumenstr.6, 0151-64701457
(9) Youtube-Video, www.youtube.com, „Wie lebt es sich in einem Passivhaus? - Gut zu wissen"
(10) Praktische Wärmelehre im Hochbau, Dill.-Ing. Friedrich Eichler, VEB Verlag für Bauwesen, Berlin 1964
(11) „Bau-Nutzungskosten" 2006, „Atlas Bauen im Bestand" 2008, herausgegeben vom Institut für Bauforschung e.V. Hannover
(12) Blockhaus 10.000 Stunden Test - blockhaus-barth.de
(13) Erifol®-System, www.ekz-energieberatung.de, www.erifol-system.de
(14) Dipl.-Ing.Volker Hinz, Erifol®-Experte, Hauptstr. 9, 01465 Dresden-Langebrück, Tel: 035201/70012 info@hinz-service.de
(15) Dr. Ing. Wolfgang Horn, Erifol®-Experte, Gartenstr. 48, 04683 Köhra, info@alphara.de, www.alphara.de
(16) Hessler Kalkwerk, www.hessler-kalkwerk.de
(17) www.aerodry-shop.de
(18) Thermoline, www.thermoline-farben.de, info@thermoline-farben.de
(19) Clemens Kuby, Buch: „Gelebte Reinkarnation", Köselverlag
(20) Mein Youtube-Kanal: Bau TV Richtig Bauen